厚土育金

中国农业大学“三全育人”实践与探索

宁秋娅◎主编

HOUTUYUJIN
ZHONGGUONONGYEDAXUE SANQUANYUREN
SHIJIAN YU TANSUO

中国农业大学出版社
CHINA AGRICULTURAL UNIVERSITY PRESS
·北京·

内 容 简 介

本书基于中国农业大学坚持立德树人，坚持全员、全过程、全方位育人的理论探索和实践经验，主要分为“师说”“探究”“践行”“附录”4 个部分。本书既包括了课程育人、科研育人、实践育人、文化育人、网络育人、心理育人、管理育人、服务育人、资助育人、组织育人等“十大育人”体系的理论研究文章和实践经验报告，也包含了一线教师的认识体会和对相关政策、制度的梳理。全书结构严谨、内容翔实、条理清晰、视角独特，对新时代高校提升思想政治工作质量具有重要的借鉴意义。

图书在版编目(CIP)数据

厚土育金：中国农业大学“三全育人”实践与探索 / 宁秋娅主编. —北京：中国农业大学出版社，2019.10

ISBN 978-7-5655-2292-5

Ⅰ. ①厚… Ⅱ. ①宁… Ⅲ. ①中国农业大学－人才培养－研究 Ⅳ. ①S-40

中国版本图书馆 CIP 数据核字(2019)第 227444 号

书　　名 厚土育金——中国农业大学“三全育人”实践与探索

作　　者 宁秋娅 主编

策划编辑 张 玉 丛晓红　　**责任编辑** 石 华 张 妍

封面设计 李尘工作室

出版发行 中国农业大学出版社

社　　址 北京市海淀区圆明园西路 2 号　　**邮政编码** 100193

电　　话 发行部 010-62818525，8625　　读者服务部 010-62732336

编辑部 010-62732617，2618　　出 版 部 010-62733440

网　　址 http://www.caupress.cn　　**E-mail** cbsszs@cau.edu.cn

经　　销 新华书店

印　　刷 涿州市星河印刷有限公司

版　　次 2019 年 10 月第 1 版　2019 年 10 月第 1 次印刷

规　　格 787×1 092　16 开本　17.75 印张　280 千字

定　　价 89.00 元

编 委 会

主　编：宁秋娅

副主编：张晓星

编　委：（以姓氏笔画为序）

马国玉　江　丽　李洪栋　吴华杰

沈立峰　张远帆　张　银　林万龙

岳　敏　郭　鑫

序

培养社会主义建设者和接班人是中国共产党的教育方针，是我国各级、各类学校的共同使命。立德树人是高校立身之本。人才培养是育人和育才相统一的过程，育人的根本在于立德。这就要求高校必须将构建思想政治工作体系摆在重要位置，把它作为高水平人才培养体系的基础和主干，坚持全员、全过程、全方位育人，把思想价值引领贯穿教育教学的全过程和各环节。

习近平总书记在全国高校思想政治工作会议上强调，新时代高校思想政治工作的改革创新，必须要遵循思想政治工作规律，遵循教书育人规律，遵循学生成长规律，不断提高工作能力和水平。中共教育部党组印发的《高校思想政治工作质量提升工程实施纲要》详细规划了课程育人、科研育人、实践育人、文化育人、网络育人、心理育人、管理育人、服务育人、资助育人、组织育人"十大育人"体系的实施内容、载体、路径和方法，为各校进一步提升高校思想政治工作质量，构建一体化育人模式提供了有力指引。

中国农业大学始终坚持社会主义办学方向，以建设中国特色、农业特色世界一流大学为目标，坚持将思想政治工作作为学校各项工作的生命线，全面统筹办学治校各领域、教育教学各环节、人才培养各方面的育人资源和力量，聚焦新时代高校人才培养的重点和难点，在统筹推进课程育人、着力加强科研育人、扎实推动实践育人、深入推进文化育人、创新推动网络育人、大力促进心理育人、切实强化管理育人、不断深化服务育人、全面推进资助育人、积极优化组织育人等方面进行了系统谋划和协同推进。

《厚土育金》是根据中国农业大学全员、全过程、全方位育人的实践与探索形成的文集。本书重点从高校育人工作如何进一步优化内容供给、改进工作方法、创新工作载体、激发内生动力等角度进行了研究和探索，通过具体的工作案例对当前高校育人工作的针对性和实效性进行了分析和比较，以中国农业大学思想政治工作的改革、创新、实践为基础，为新时代高校育人工作提供良好的经验借鉴。

姜沛民

2019 年 9 月

目　录

第一部分　师　说

科研以研理　教书以育人 …… 003
立足学生发展　深入构建全员、全过程、全方位育人格局 …… 006
探索"三全育人"的科技小院模式 …… 010
躬耕教学常怀明道初心　立德树人须知任重道远 …… 015
专业课堂巧设计　春风化雨育英才
——以普通昆虫学课程教学为例 …… 018
新时代育人理念的思考与实践 …… 023
推己及人　育人有声 …… 027
借助课堂教学开展思德教育　培养社会主义的建设者和接班人 …… 032
坚持"课堂＋理念"　细雨润物育全人 …… 036
专业课程教学过程中落实"三全育人" …… 041
"三全育人"助力大爱情怀 …… 045
思政教育贯始终　润物无声却有声 …… 050

第二部分　探　究

关于高校课程育人模式发展现状与创新机制的探究 …………………………… 057
构建协同育人机制　筑牢科研育人根基
　　——中国农业大学科研育人工作的实践与探索 ………………………… 068
关于高校实践育人工作体系和机制的研究 ……………………………………… 077
高校文化育人在"三全育人"工作体系及机制中的构建与实施 ……………… 084
高校网络育人工作的思考与实践 ………………………………………………… 092
新时代高校心理育人工作的机制与路径 ………………………………………… 103
关于新时代加强高校管理育人工作的浅议 ……………………………………… 113
关于高校服务育人如何适应全方位育人建设指导要求的研究　……………… 123
关于资助育人工作体系及机制建设的探索 ……………………………………… 132
关于高校"三全育人"的创新路径的探索和研究
　　——基于组织机制角度 ……………………………………………………… 141

第三部分　践　行

扎实推进课程育人　建设高水平本科教育
　　——中国农业大学课程育人案例总结 ……………………………………… 157
深入一线　服务"三农"　产、学结合
　　——中国农业大学"科技小院"研究生科研育人模式创新 ……………… 162
学思践悟　知行合一　振兴乡村　培养有情怀、有知识、有能力的
　　"三农"人才 …………………………………………………………………… 165

品读经典　研学理论　以文化人　润物无声　全面提升师生文化自信
——“稼穑书香”读书读经典系列活动介绍 …………………………… 168
媒体矩阵带动双线合璧　形成网络育人新合力
——中国农业大学“易班”网络育人模式创新 ………………………… 173
夯实基础　打造特色　提升心理工作育人实效
——结合学生实际工作案例分析 …………………………………………… 176
中国农业大学三大举措助力管理育人 ……………………………………… 180
“参与体验式”助力服务育人案例 …………………………………………… 184
中国农业大学“四位一体”资助育人工作实践 ……………………………… 187
加强党的领导　发挥组织育人功能 ………………………………………… 190

第四部分　附　录

关于印发《中国农业大学马克思主义学院校内兼职教师聘任办法》的通知 …… 195
中共中国农业大学委员会关于进一步加强和改进新形势下基层党支部建设
的实施意见 ………………………………………………………………… 198
关于印发《中国农业大学教职工奖励办法》(2017 年修订)的通知 ………… 204
中共中国农业大学委员会关于加强教职工理论学习工作的实施意见 ……… 209
中共中国农业大学委员会关于印发《关于坚持和完善党委领导下的校长
负责制的实施办法》的通知 ……………………………………………… 214
中共中国农业大学委员会关于进一步加强和改进新形势下党务工作队伍
建设的实施意见 …………………………………………………………… 221
关于印发《中国农业大学人事调配工作规定》(2017 年修订)的通知 ……… 226
关于印发《中国农业大学教职工年度考核办法》(2017 年修订)的通知 …… 230
关于印发《中国农业大学师德考核实施办法》的通知 ……………………… 236

关于印发《中国农业大学学生思想政治教育系列专业技术职务聘任办法》的通知 …… 240
关于印发《中共中国农业大学委员会 2018 年思想政治工作质量提升工程实施方案》的通知 …… 246
关于印发《中国农业大学落实研究生导师立德树人职责实施细则》的通知 …… 261

参考文献 …… 267
后记 …… 272

第一部分

师说

科研以研理　教书以育人

■ 水利与土木工程学院　康绍忠

康绍忠简介

康绍忠，中国共产党党员，汉族，博士研究生学历，中国农业大学水利与土木工程学院分党委委员、教授、博士生导师，中国工程院院士，享受国务院政府特殊津贴。现任中国农业大学中国农业水问题研究中心主任，兼任国务院学位委员会农业工程学科评议组召集人、中国农业节水和农村供水技术协会副会长、中国农业工程学会副理事长、农业农村部科学技术委员会委员、水利部科学技术委员会委员等。近5年来，先后获得国家科技进步二等奖1项，国家科技进步一等奖1项，自然科学二等奖1项，教育部高校科技进步一等奖1项，教育部高校科技进步二等奖1项，水利部大禹水利科学技术一等奖1项，广西科学技术自然科学二等奖1项，北京市教学成果一等奖1项。

康绍忠院士任校级核心通识课程“中国水问题与科学应对”责任教师。

习近平总书记在全国教育大会上指出，教育是国之大计、党之大计，培养什么人，是教育的首要问题。人才培养是大学的核心工作，每一位身处一线的教师都必须要结合自身，思索“培养什么人、怎样培养人以及为谁培养人”的问题。关于如何培养学生，有如下几点感悟。

一、要重视榜样的力量

1978年，我考入武汉水利电力学院，那年我16岁。因为国家刚刚恢复高考，所以我们班同学间的年龄差距非常大。其中，年龄最大的同学已32岁，被称为“老三届”。这个来之不易的上学机会让他等了十几年，所以学习十分刻苦，这也极大地鼓舞和激励着我。在优秀榜样的影响下，那时的我们学习非常专注，只盼望日后能够为国家做出贡献。大学毕业后，我成为一名教师，并始终坚信教师要热爱教学，在自己的岗位上勤奋踏实地工作，不断地增长学问。正如卡尔·雅斯贝尔斯在阐述教育的本质时，将其归结为“一棵树摇动另一棵树，一朵云推动另一朵云，一个灵魂唤醒另一个灵魂。”教师的言传身教是影响学生培养质量的重要因素。因此，作为教师，我们要努力成为学生学习和生活上的榜样。例如，要提高学生的创新能力，老师必须始终站在学科的前沿，掌握最新的理论发展动态，立足于知识创新，才能产生正向的榜样力量，培养出具备创新能力的人才。

二、要注重要激发学生的兴趣与潜力

兴趣是深入学习、自主学习的原动力。我的家乡是湖南省桃源县，水力资源非常丰富。自小时候起，我就十分迷恋水库、水电站、排灌站等水利设施。考大学报志愿时，最朴素的愿望就是报考农田水利工程专业，毕业后能做一名水利工程技术人员。可以说是兴趣支撑着我不断积累，深入学习。大学是打好专业基础、丰富知识储备的关键时期，也是确定毕生志趣的重要阶段。当代大学生拥有更为优秀的教师资源和丰富的学习资源，但被动学习、盲目学习的情况却屡见不鲜。因此，有意识地引导学生，培养他们对专业知识的学习兴趣十分关键，有兴趣才会点燃热情，才会激发主动学习、深入学习的积极性，提升学习收获。教师在教授学生专业知识的基础上，也要注重学习方法的指导与科研精神的培养，尊重学生的个性与潜能，引导学生，培养他们的创新意识与独立思考的能力，提升学生的综合素质。只有这样才能保证学生在兴趣学习的驱动下，掌握科学的学习方法，获得正确且自由的发挥空间，使每一位学生的潜力和品质能在学习和今后的职业发展中得以展现。

三、要传承严谨求实的科学态度

科学研究从来不是一蹴而就，唯有持之以恒地坚持，才能积水成渊。科研是一项“磨人”，也是十分有益的“塑人”工程。当代大学生是未来科学事业的生力军，要指导学生进行规范地科研训练，田间取样、数据测定、整理资料、思考创新……每一项科研训练的赤膊上阵，艰苦奋斗，都是超越书本知识的淬炼与成长。作为一名科学研究人员，要保持对科研进展的执着追求，也要注重对科研生力军的引导与培育。在崇尚科学、追求真理的氛围下，我们要为学生提供良好的研究和试验条件，锻炼学生，使其形成严谨求实的科学态度，开展踏实肯干的科研行动，把他们培养成真正致力于投身科学与国家建设，把爱国之情、报国之志融入祖国改革发展的伟大事业之中的接班人，确保科学研究工作活水涌流、基业长青。

立足学生发展　深入构建全员、全过程、全方位育人格局

■ 动物医学院　沈建忠

沈建忠简介

中国农业大学动物医学院院长，中国工程院院士，教育部长江学者特聘教授，博士生导师。国家杰出青年科学基金获得者，入选“新世纪百千万人才工程”国家级人选和教育部“新世纪优秀人才支持计划”，国家现代农业技术体系岗位科学家，农业农村部农业转基因生物安全委员会委员，教育部长江学者和创新团队发展计划首席科学家。

沈建忠院士任校级核心通识课程“兽医科学发展与人类健康”责任教师。

《国家中长期教育改革和发展规划纲要（2010—2020年）》提出，树立人人成才观念，面向全体学生；树立多样化人才观念，尊重个人选择；树立终身学习观念，为持续发展奠定基础。因此，以“育”为核心的“三全育人”机制对高校教育工作意义重大，它是践行纲要标准和立德树人根本任务的重要途径。作为一名高校教师，“三全育人”是出现在我工作、生活和脑海中的一个高频词。什么是“三全育人”，字面的意思是“全员育人、全过程育人、全方位育人”；从高等教育来讲，准确地理解应该是“立足学生全面发展，构建全员、全过程、全方位育人格局。”

一、“三全育人”模式建设是高校教育改革的重要体现

2015年1月19日，中华人民共和国中央人民政府网公布中共中央办公厅、国务院办公厅印发的《关于进一步加强和改进新形势下高校宣传思想工作的意见》，文件明确提出，立足学生全面发展，努力构建全员、全过程、全方位育人格局，这是“三全育人”首次在中央文件中的完整表述。2016年12月6日，习近平总书记在全国高校思想政治工作会议上强调，高校思想政治工作关系高校培养什么样的人、如何培养人以及为谁培养人这个根本问题。要坚持把立德树人作为中心环节，把思想政治工作贯穿教育教学全过程，实现全程育人、全方位育人，努力开创我国高等教育事业发展新局面。

2018年9月10日，全国教育大会在北京召开，习近平总书记出席会议并发表重要讲话，站在新时代党和国家事业发展全局的战略高度，系统论述了新时代教育的重要地位、根本任务、目标定位和规律遵循，围绕加快推进教育现代化、建设教育强国、办好人民满意的教育对新时代教育工作进行了全面部署。习近平总书记的重要讲话不仅高屋建瓴、催人奋进，描绘了新时代教育的美好蓝图，而且对于如何建设新时代教育阐释也十分具体。该讲话的针对性、指导性和实践性突出，为新时代教育提供了路线图和施工图。习近平总书记对人才培养体系建设以及对家庭、学校、政府、社会在教育事业中联动作用的强调都为高校构建“三全育人”体系提出了新的要求。

二、“三全育人”格局构建是坚持立德树人的重要途径

中华民族是一个历来重视教育的民族，从虞时代舜所设庠，到春秋时期出现的

私学，到宋朝盛行的书院，发展至今已经有数千年的历史。许多关于教育耳熟能详的名言警句，如“三人行，必有我师焉”“敏而好学，不耻下问”“古之学者必有师。师者，所以传道受业解惑也”“书山有路勤为径，学海无涯苦作舟”等等，但我最推崇的还是《大学》开篇之句：“大学之道，在明明德，在亲民，在止于至善”，它讲明白了什么是教育的目的，要点亮高尚的品德，要不断改变自己、完善自己、要通过道德修养达到“至善”。自党的十八大提出“把立德树人作为教育的根本任务，培养德、智、体、美全面发展的社会主义建设者和接班人”，习近平总书记在多个场合将理想信念教育作为教育的灵魂和首要任务加以强调，明确了“德”对于立德树人关键环节的重要作用，而“三全育人”体系的持续构建是高校层面开展理想信念铸魂教育的重要抓手。

教育部部长陈宝生在教育部高等学校教学指导委员会成立会议上指出，要认真学习贯彻习近平总书记关于教育的重要论述和全国教育大会精神，聚焦“培养人”这一根本使命，要在理想信念教育上见实效，在构建“三全育人”大格局上有突破，要在教育途径和模式上有创新。我认为，“三全育人”体系是高校德育工作的基本方略，在新形势下具有不可替代的作用。当代大学生从小生活在网络化、信息化时代，面临多形式的外在影响和诱导，教育者应在开展文化知识教育的同时，全面推进育人体制改革，通过正确引导，帮助学生树立良好的世界观、人生观和价值观，使其更好地成长为全面的、高素质的社会主义事业建设者和接班人。

三、“三全育人”体系落实是研判高校育人工作的重要指标

把理想信念教育贯穿教育教学全过程，实现全程育人、全方位育人的模式，是以学生为主体，全面、系统、完整的人才培养模式，这也是习近平总书记对新时代高等教育培养社会主义建设者和接班人的殷切希望。

（一）全员育人意在“四位一体”，全员参与

习近平总书记在全国教育大会上强调，办好教育事业，家庭、学校、政府、社会都有责任。对于高校来说，做好家校互动、校企合作、搭建学生社会实践平台的同时，要求全体教职员工都要增强自身“育人者”的使命感。育人工作是全体教职员工的责任，其言行举止要履行育人之责、发挥育人之效。高校应充分挖掘专业课教

师、学生辅导员、行政职员、后勤员工等教育参与者的育人要素，将育人工作贯穿工作始终。

（二）全程育人意在融会协同，全程设计

高校应充分发挥“课堂、科研、实践、文化、网络、心理、管理、服务、资助、组织”等方面的育人功能，切实构建十大育人体系，将育人工作由学生入学前贯穿至学生毕业后，从学生课堂延伸到学生宿舍，从学生课桌覆盖到学生餐桌，在理想信念教育上创新思路、强化举措，融入学生学习、生活、工作、实践等各方面。同时，加强学生思想教育管理部门与其他教学、管理、服务部门的协同配合，以思想道德建设为核心，推动思政工作、党建工作、教学工作相结合，将育人工作落到实处。

（三）全方位育人意在多角度推进，全面覆盖

习近平总书记指出，要努力构建德、智、体、美、劳全面发展的更高水平的人才培养体系，要把立德树人融入思想道德教育、文化知识教育、社会实践教育等环节，贯穿基础教育、职业教育、高等教育等各领域。高校应充分统筹各种教育载体，多层次、多角度、多维度地引领学生全面发展，在促进学生课程学习进步的同时，提升理想信念、道德情操、文化修养、身体素质、奋斗精神的教育水平，提升思想教育与专业教育相结合的教育质量，创新教育教学方法，探索多样化培养方式，树立多样化人才观念，鼓励个性发展，培养德、智、体、美、劳全面发展的社会主义建设者和接班人。

党的十九大从新时代坚持和发展中国特色社会主义的战略高度，做出了优先发展教育事业、加快教育现代化、建设教育强国的重大部署。作为教育事业的重要组成部分，高校在坚持立德树人，推进教育改革方面责任重大。因此，以人为本、以学生为本，努力构建“三全育人”大格局，无疑具有重大的意义和深远的影响。

探索“三全育人”的科技小院模式

■ 资源与环境学院　张福锁

张福锁简介

植物营养学家，中国农业大学资源与环境学院植物营养系教授、博士生导师。2014 年当选欧亚科学院院士，2017 年当选中国工程院院士，2018 年当选发展中国家科学院院士。

张福锁院士一直从事植物营养理论和技术研究工作。近 10 多年来，他创建了以扎根农村、四零服务为核心的“科技小院”农业技术创新与应用新模式，在全国 23 个省区市建立了 121 个科技小院，覆盖 40 多个作物类型，服务 63 家合作社、37 家农业企业和 2 090 万农民，技术推广应用面积累计 5.6 亿亩，实现增产增收和环境保护共赢，为脱贫攻坚和乡村振兴做出了突出贡献。2018 年获国务院颁发的“全国脱贫攻坚”创新奖，2019 年被中宣部选为建国 70 周年重大典型。

张福锁院士任校级核心通识课“农业、环境与人类健康”责任教师。

党的十九大吹响了新时代推进中国特色社会主义伟大事业的嘹亮号角。教育战线肩负着培养担当民族复兴大任的时代新人的重大使命。在2018年9月10日的全国教育大会上，习近平总书记指出教育要始终把“培养社会主义建设者和接班人”作为根本任务。而要完成这一根本任务，必须抓住“立德树人”这一核心，要坚持把立德树人作为根本任务，关键是要做到全员、全过程、全方位育人。因此，深入认识和推进高等教育全员、全过程、全方位育人（以下简称“三全育人”）的战略要求，既是深入学习贯彻全国教育大会精神的客观需要，也有助于增强思想政治工作与高等教育发展一体化推进、协同性创新的理性自觉。

一、新农科人才培养的新需求

改革开放40年来，我国的农业农村工作发生了翻天覆地的变化。世界在变，农业领域也在发生深刻的变革，且变革速度不断加快。党的十九大提出的“实施乡村振兴战略”体现了党中央对“三农”工作的根本性地位的判断和全党工作重中之重的部署，是在中国特色社会主义进入新时代背景下，对“三农”工作的新任务、新要求与新战略的全面部署，是一项系统性、综合性的伟大工程。党的十九大呼吁农业教育必须应时而变，要从传统的农科向“新农科”迈进，从当前教育需求和教育供给两方面把握农业高等教育改革的方向和主题，提出新时代农科“交叉创新”和“一懂两爱”的综合人才培养的目标、路径、举措与保障措施。

研究生既是高等学校、科研院所重要的人力资源，也是科技创新和高层次人才培养的主力和对象。近年来，我国农业院校研究生培养规模不断扩大，然而，不少单位的研究生培养存在重实验室工作，轻生产实践；重从文献到文章，轻解决实际问题能力等问题。这些存在的问题致使相当数量的研究生对“三农”认知度低、认同性差、知识面窄、服务意识弱，解决实际生产问题的能力欠缺，难以快速胜任现代农业产业发展和实际工作的需求。因此，我们必须根据现代农业产业的需要，构建新农科，搭建科技创新、社会服务和人才培养的一体化平台，深化研究生教育改革，调整培养目标，创新培养方法，适应新时代我国经济社会发展对高层次、应用型专门人才的需求。以科技小院为平台，把立德树人这一培养人才的根本任务贯穿到各个培养之中，培养具有“三农”情怀，懂农业、爱农村、爱农民，服务乡村振兴的建设者和现代农业产业发展的综合型、高层次人才。

二、科技小院“三全育人”新模式

科技小院是驻扎在生产一线,集科技创新、社会服务和人才培养于一体的综合平台。其人才培养模式的核心是:研究生长期驻扎生产一线,“零距离”地接触农业生产实际,并针对生产实际问题开展科技理论和技术创新研究;在研究创新的同时,通过开展“零距离、零门槛、零时差和零费用”农民培训、开办农民田间学校,组织各种示范、推广等活动,服务“三农”。“科技小院”培养模式充分利用了校内与校外的多种教学资源,将课内教学与课外教学有机结合在一起,鼓励研究生在开展研究的同时,参与社会服务。这种方式既培养了研究生对“三农”的感情,又全面提高了研究生的理论水平、实践技能和综合素质,还促进了农业科技成果转化,直接加快了当地农业发展。

(一)科技小院利用校内外资源,开展全员育人

科技小院的研究生培养模式打破了以学校为单一培养主体的模式,形成了学校、基地和地方等联合的多元化培养主体:学校导师作为研究生的第一责任导师,保证培养出的研究生具有专业性;基地技术骨干为研究生的实践导师,负责协助学校老师培养科技小院研究生的实践技能;地方导师为研究生的生活导师,负责研究生的生活保障。多元化的培养主体为研究生深入实践一线,在实践中培养应用能力,提高解决实际问题的能力创造了条件,为研究生提高综合素质,全方位发展提供了保障。此外,为了进一步整合高校、科研院所、企业和地方政府等社会优质教育资源,中国农业大学还联合全国涉农高校专业学位研究生培养单位于 2017 年 4 月 26 日,成立了全国涉农高校“科技小院”研究生创新创业教育联盟。联盟将以国务院印发的《关于深化高等学校创新创业教育改革的实施意见》和教育部印发的《关于深入推进专业学位研究生培养模式改革的意见》为指导,以“平等互利、优势互补、融合创新、开放共赢”为原则,构建产、学、研深度融合的人才培养模式,助推涉农专业创新创业型研究生培养,全面服务于国家创新驱动发展战略和“三农”发展。

(二)科技小院创新培养环节,注重全程育人

科技小院培养模式通过把偏重理论教学的两段式(理论→实践或理论→理论)人才培养方式改为以实践为核心的三段式(实践→理论→再实践)人才培养方式,

促进理论学习与生产需求紧密结合。研究生在开展科学研究和技术创新，解决生产实际问题中提升专业实践技能，逐渐形成了“实践—理论—再实践”的三段式全程育人模式。

学前实践阶段 研究生利用入学前2个月，深入农村，住农家、吃农饭、干农活，与农民同吃、同住、同劳作；生产实践锻炼，发现“三农”问题，深入农村，了解“三农”现状，培养“三农”情怀。在切身感受“三农”现状的同时，激发服务“三农”的责任感和从事农业科研的使命感，塑造正确的人生观和价值观。

理论学习阶段 研究生利用入校后的第1学期进行理论课程学习，掌握研究方法，参加学术会议，听取学术报告，认识学科前沿，培养科研视野。此外，科技小院还运用现代网络手段，将学校开展的学术报告等重要学术活动通过视频同步传送到科技小院，使科技小院的学生与学校保持同步学术交流，掌握最新科技动态，以保证学生的理论研究水平。

再实践阶段 第2～5学期，科技小院深入生产一线，针对农业生产问题开展技术创新、研究，针对农村发展模式进行革新、探索、研究，针对农民生活方式实施宣传、引导行动，研究生在多角色（学生、科技农民、农技员、培训教师、挂职干部等）转换中开阔视野、体验人生、磨炼意志，全面锻炼实践技能和综合素质。

（三）科技小院创新培养环境，实现全方位育人

在科技小院模式下，研究生培养模式从封闭的校园和学校实验站转移到开放的农村一线，为培养农科学生“知农、爱农、为农”情怀提供了有效载体。这种模式的人才培养更符合农业、农村、农民发展的需求。研究生走出“象牙塔”，走出学校和实验站“围墙”，通过建立田间学校、组织田间观摩、开展科技培训等多种方式，以研究生和农技人员的双重身份参与农业科技服务、发展现代农业。同时研究生还利用驻村优势，组建舞蹈队和秧歌队，举办中秋联谊会、“六一”联欢会等多种形式的文化活动，丰富群众文化生活，组织“红色1+1”、研究生与农民“结对子”等活动，开展“一对一”帮扶，探索“精准扶贫”新模式，开办识字班、组织厨艺大赛和才艺展示，举办“母亲节”等活动提高农村妇女的幸福指数，形成尊老爱幼的村风，推动“三农”的发展。由此可见，科技小院实现了教书与育人、理论与实践的紧密结合。其不仅培养了研究生较为扎实的科研能力和解决生产实际问题的能力，而且培养

了研究生独立思考、分析和解决生产、科学问题的能力，扎实的工作作风和严谨的科学态度，较强的组织协调能力和语言表达能力，实现了全方位育人。

三、小结

科技小院人才培养模式充分利用学校与社会资源（即全员育人），通过“学前实践—课程学习—强化实践”三段式全程育人模式，实现了全方位育人（课堂与田间、科研与推广紧密结合，教书与育人、理论与实践、人才培养与社会服务的紧密结合），培养了一批理实并重、综合素质高、热爱“三农”、社会责任感强的专业学位研究生，这些都是高等院校“三全育人”的生动典型。我们相信科技小院的毕业生今后必将在助力精准扶贫、保障国家粮食和环境安全、推动绿色发展和乡村振兴中发挥越来越大的引领作用，做出应有的、更大的贡献。

躬耕教学常怀明道初心　立德树人须知任重道远

■ 农学院　刘庆昌

刘庆昌简介

中国农业大学农学院教授，博士生导师。2003 年获得首届高等学校国家级教学名师奖，2004 年主持的“普通遗传学”被评为国家精品课程，2007 年作物遗传育种学教学团队获得国家级教学团队（团队带头人），2014 年入选第一批“万人计划”教学名师，2016 年主持的“普通遗传学”被授予国家级精品资源共享课。

主要研究方向：甘薯遗传育种研究。在世界上首次建立了甘薯细胞培养有效植株再生体系、体细胞杂交体系和细胞水平辐射诱变体系，甘薯分子育种研究也得到国内外同行的普遍认可。1998 年获第六届中国青年科技奖，2000 年享受国务院政府特殊津贴，2002 年获国家杰出青年科学基金，2004 年入选“新世纪百千万人才工程”国家级人选。

习近平总书记在全国高校思政工作会议以及全国教育大会中都提到“教师是人类灵魂的工程师”。这是对教师教书育人工作的褒奖，更是对广大教师如何教好书、上好课、育好人的指引。

一、教学是教师最神圣的职责

培养人才是大学的根本使命，教师都应在教学和人才培养上投入足够的精力。然而，扎实地讲好每一堂课，绝非易事。这不仅需要教师把握课程的体系脉络，吃透重点、难点，更需要教师始终关注学科前沿，常教常新，把新进展、新理论不断融入教学中去。科研是教学的底气，科学研究、学术会议、考察调研过程中的第一手资料都是教学素材的重要来源。以研促教可以更好地支撑教学，切忌故步自封，那样只会误人子弟。另外，也要勤于总结学生受众的特点，了解学生的成长规律，注重沟通与交流，拉近师生距离，才能用更有效、更生动的方式将知识传授给学生。

二、教书育人，律己为先

师者，要始终坚持教书与育人相统一，言传与身教相统一，以德立身，以德施教。从事一线教学工作，应当秉持“三不”基本原则——不调课、不迟到、不让其他老师代课。所谓“课比天大”，坚守好教书育人的本分，不忘教育教学初心，是对学生的尊重。教师以身作则、重视教学，也会赢得学生对学习的尊重，对知识的尊重。

三、教书育人，因时而进

潜心研究和打磨教学，要不断提高自身的教学能力，也要充分利用好现代教育技术，不断创新教学方法和教学手段。冲破传统教学模式的惯性，对已教了半辈子书的老师来说，不啻“回炉重造”。但是如果新理念、新方法、新技术，能够让更多的学生学习受益、让学生更深入地学习，那就值得改，改得值。以“遗传学”这门课程为例，课程被制作成在线开放课程，几乎重构了课程体系、课程内容和教学模式，更要花费成倍的时间进行备课。但它却用更为丰富的多媒体形式呈现教学内容，师生互动也从线下拓展到了线上。作为开放课程，打破传统教室墙壁，更好地实现了教学资源共享。目前本门课程已在爱课程平台上，第一学期的选课人数就突破了4 000 人。作为一门专业基础课程，能使更多学生有学习收获，身为任课教师着实欣慰又自豪。最新修订的第 3 版《遗传学》也有新变化:许多知识点后面都配上了二维码,学生通过扫一扫可以即时掌握最新的知识点,二维码上的知识点也会在共享平台中进行动态更新。这种参与式的教学方式,能最大限度地激发学生的学习兴趣,提升课堂质量。

四、立德为先,育人为本

无论是课堂教学,还是科学研究,教师传递给学生的不能仅仅是丰富的学识,还应包含对待知识的敬畏之心、对科学研究的严谨态度,对待问题善于发现、独立思辨的创新能力以及对国家、对民族的责任与使命。大学期间是学生人生观、价值观的塑造和养成的关键时期,教师必须要承担起成为学生健康成长的指导者和引路人的责任。做良师,当益友,言传身教地引导学生更正确、更积极地认识自我、认识社会,引导学生树立稼穑为民,顶天立地,解民生之多艰的"三农"情怀,引导学生爱国、立志、求真、力行,培养倾注热情,将自身发展融入国家发展和社会需求,堪当大任的建设者和接班人。

作为教师,无不希望能得桃李满天下。但所得桃李,均需春风化雨,润物细无声。

专业课堂巧设计　春风化雨育英才
——以普通昆虫学课程教学为例

■ 植物保护学院　彩万志

彩万志简介

植物保护学院昆虫学系教授，国家杰出青年基金获得者，国家“万人计划”教学名师，国务院特殊津贴专家。1993年博士毕业于西北农业大学，现任植物保护学院副院长，北京昆虫学会理事长，中国昆虫学会常务理事，中国植物保护学会常务理事、副秘书长，教育部高等学校教学指导委员会委员，《植物保护学报》主编，《昆虫分类学报》等10个国内外期刊编委。

主要研究领域为：昆虫分类、基因组与进化、昆虫学史与昆虫文化等，发表论文290余篇，其中SCI刊源文章160余篇。

主讲本科生的“普通昆虫学”和研究生的“昆虫形态学”“昆虫学文献”“进化昆虫学”等课程，主讲的“普通昆虫学”被评为国家级普通昆虫学精品课程和国家级精品资源共享课程，其所负责的教学团队被评为国家级优秀教学团队。

彩万志教授任校级核心通识课程“植物保护的古今与未来”责任教师。

古今中外伟大之人与成功之士甚多，其被当世或历史铭记者不外乎德、才两面。就德才而论，德为魂，才为本，兼有方成。学校是培养德才兼备学生的场所，教师是最直接参与人才培育的主力军，而课堂是育人的主渠道，教师的教学理念、教学活动、言行举止等会深刻影响学生的知识结构、理想信仰等。因此，课堂教学既具有传授知识、培养能力，又具有传播做人理念、启迪人生智慧的功能，承载着培养大学生世界观、人生观、价值观的重要作用。如果教师积极运用自己的智慧和创造力，在教学过程中有意、有机、有效地对教学环节进行设计，便能挖掘蕴含在专业知识方面的生机活力，营造生动活泼的课堂氛围，让学生在愉快的学习过程中将专业发展与思想政治教育相结合，这将会对育人工程起到重要作用。

我从事高校教育工作近30年，一直参与我国农林院校植物保护专业与森林保护专业的核心课程"普通昆虫学"的教学工作。这门课程在中国农业大学的教学历史可追溯至1905年京师大学堂农科成立之际，先后有几代名师（如邹树文教授、蔡邦华院士、刘崇乐院士、陆近仁教授、管致和教授等著名昆虫学家）主持或参加过本课程的教学，有着百余年的积淀和优良的教学传统。近20年来，在团队成员的共同努力下，"普通昆虫学"取得了良好的教学效果，深受学生们的欢迎。该课程先后被评为北京市精品课程、国家级精品课程和国家级精品资源共享课程，我们的教学团队也被评为北京市优秀教学团队和国家级优秀教学团队。此处仅将我们在课程育人方面的点滴经验与思考加以介绍。

一、胸怀育人重任，牢记教师使命

自古以来，中国就非常重视育人的重要性。战国初期《礼记》四十九篇中的第四十二篇《大学》第一段写道："大学之道，在明明德，在亲民，在止于至善……"其明确指出大学的宗旨：在于弘扬高尚的德行，在于关爱人民，在于达到最高境界的善。唐代杰出思想家、政治家韩愈在《师说》中云："师者，所以传道受业解惑也。"其中更是把"传道"放在了首位，传道即传授道德观念，也就是我们现在所说的"思想教育"。2010年，中共中央、国务院印发《国家中长期教育改革和发展规划纲要（2010—2020年）》中明确规定："把育人为本作为教育工作的根本要求"。2018年，习近平总书记在全国高校思想政治工作会议上，深刻阐述了高校思想政治工作的重要性，强调要把教书与育人有机统一。对广义的理科学生而言，专业课的学习时间占整个大学阶段的80%左右,显然大学思想教育仅仅依靠所开设的德育课是不够的,专业课是对大学生实施思想政治教育的主渠道之一。育人教育要贯穿到每门专业课程中才能做到真正的协同育人。我们团队的教师们深刻认识到课堂育人的重要性,认识到课堂教学承载了国家振兴与民族兴旺的希冀;因此,我们从内心深处总是不忘教师初心,牢记育人使命,在教学中自觉地把教书和育人融为一体。

二、挖掘教学素材,筛选合适内容

昆虫是地球上最为繁盛的一类动物,与人类有着千丝万缕的关系:有些昆虫通过为害经济动植物和传播疾病给人类造成了重大损失;有些昆虫则通过传花授粉、吐丝结茧等为人类带来宝贵财富。昆虫不仅与人类的衣食住行密切相关,而且与人们的精神生活休戚相关:从文字到语言、从绘画到诗篇、从战争到政治、从衣食住行到恋爱婚姻……处处都有昆虫涉牵。为了培养学生们“爱祖国”“爱科学”“齐奋斗”和“负责任”的远大志向,我们广泛阅读文史文献,收集了大量昆虫和昆虫学家相关的传说与故事,从中筛选出积极向上的材料用于教学过程。如周尧教授早年“不杀大虫,杀小虫何用”弃笔从戎的故事,抗美援朝时期刘崇乐院士、陈世骧院士、陆宝麟院士、何琦研究员等积极参与调查细菌战的故事,杨集昆教授因重病从延安回北京仍随身携带昆虫标本的故事,家蚕起源的传说,历代蝗灾治理与疟疾防治的传说与故事,斑衣蜡蝉的传说,萤火虫发光的传说,蝼蛄形态的传说等。这些传说故事不仅丰富了教学内容,而且灵活运用后使课堂成为传播正能量的阵地。

三、巧妙安排环节,贯穿教学过程

课堂教学的核心目标之一是更好地实现育人功能的最大化。但专业课程的本来属性是授业,将专业课变为思政课显然不是专业课教学的初衷。把蕴含优秀文化基因和社会主义核心价值理念的内容融入专业课教学环节才是专业课课堂育人的关键,特别是对于学时数偏少的课程更是如此。在课堂讲授时,教师如何巧妙地安排育人环节,需要仔细考量与精心设计,既不能内容太多而喧宾夺主,也不能生拉硬套而逻辑混乱。我们在教学过程中经过不断提炼,较好地利用了这些有效育人的教学载体,“无声无息”地完成了在学生理想和信念层面的精神指引。如在讲到昆虫的食性与取食行为时,我们会首先提问大家,是否见过苍蝇停在某处时经常搓动前足的现象，然后再讲“苍蝇为什么搓手”的传说。

该传说的主要内容是：古代有一个男孩在父母双亡后与哥嫂生活在一起，哥嫂俩经常欺负弟弟。有一天，嫂子把弟弟赶出家门自谋生路。弟弟来到一座庙中遇到一位神仙，神仙知情后就让弟弟搓段绳子去穿一些钱。弟弟很知足，搓了很短的一段绳子，穿了一小串钱就回家啦。哥嫂问清了弟弟得钱的经过后，嫂子就叫他丈夫第二天也去了那座庙，同样见到了那位神仙，神仙让哥哥也搓绳子穿铜钱，可是贪财的哥哥不停地搓，神仙一看他太贪心，用袖子一甩，把哥哥打倒在地并变成了苍蝇，从此以后苍蝇就不断地搓动前足。故事讲完后，再详细地讲解苍蝇搓足实际上是昆虫取食行为中的清洁环节，普遍见于昆虫取食过程中，其清洁的顺序等具有规律性。这样不仅引起了学生们的兴趣，缓解了科学知识讲解过程产生的疲劳，而且融入了做人要知足常乐、尊老爱幼的人生价值观。

在讲到中国历史上蝗虫治理时，我们会从吃、饭、农、夏、秋几个汉字的起源讲起，提及从公元前 707 年到 1949 年的 2 000 多年就发生了蝗灾将近 800 次，平均 3～5 年就有一次大的蝗灾，并向学生展示《河南通志》中有关“开封大蝗，秋禾尽伤，人相食”“汝宁蝗蝻生，人相食”“洛阳蝗，草木、兽皮、虫蝇皆食尽，父子、兄弟、夫妇相食，死亡载道”等代表性记载，进而介绍唐太宗吃蝗虫、姚崇宰相治蝗虫、米芾县令赶蝗虫等历史记载或传说，最后落脚于新中国成立后在毛泽东主席、周恩来总理的带领下昆虫学家与人民群众根治蝗虫的伟大壮举，让学生从数千年的治蝗历史中体会到中国社会主义制度的优越性与作为植物保护科技工作者的自豪感与责任感。

四、充分调动学生，激发学习热情

学生是课堂学习的主体，优秀课堂最好的指标就是学生通过课程的学习对所学的专业或专业方向产生了浓厚的兴趣或热爱之情。而达到这一目标仅靠老师们唱独角戏是不够的，必须要学生们积极并深度参与课堂的教学活动之中。在课程育人方面，我们会给学生出一些思考题来调动他们的学习积极性。例如，你的家乡有哪些与昆虫相关的传说，我国有哪些昆虫学院士及其主要贡献，与昆虫相关的诺贝尔奖获得者及其贡献，蝗灾对中国历史的影响等。通过这类作业，学生们会在查阅文献、调查访问、总结交流过程中体会到学习的乐趣以及感受到自己的社会责任与历史担当等。

我们的努力不仅在传授专业知识方面得到了同学们的认可，而且在育人方面也有丰厚的收获。在历届学生的主观评价中，就有学生写道：“老师能够熟练地讲述课堂所讲的内容，深入浅出，营造一种积极向上的课堂氛围，使同学们学习的积极性高涨”“课讲得好，并且给人一种热爱生活、积极向上的感觉”“老师讲课生动形象，用很多具体事例和图片吸引同学们的兴趣，引发同学们的思考，老师讲课内容并不局限于课本，有很多补充。不仅把书上重点解释清晰，而且让我们学到了很多其他方面的知识”“普通昆虫学这门课让我们终身难忘，终生受用”“这个课真的可以改变一个人！”

新时代育人理念的思考与实践

■ 理学院　周志强

周志强简介

理学博士、二级教授、博士生导师。现任理学院党委书记、中国农业大学图书馆馆长、《农药学学报》主编、北京食品营养与人类健康高精尖创新中心首席科学家。先后获得国家"万人计划"教学名师、北京市教学名师、宝钢优秀教师、北京市优秀教学团队（负责人）、北京市优秀共产党员、北京市师德先锋等称号，入选"新世纪百千万人才工程国家级人选"及教育部"新世纪优秀人才支持计划"，享受政府特殊津贴。其指导的博士研究生中多人获得校级及以上优秀博士学位论文，其中1人获得全国百篇优秀博士学位论文、1人获得全国百篇优秀博士学位论文提名，被学生评选为中国农业大学首届"师恩杯"我最喜爱的导师。

主要研究领域为手性农药、农药残留与健康效应。发表学术论文300余篇，获得10项省部级以上教学和科技成果奖。

周志强教授任校级核心通识课程"自然科学素养"责任教师。

习近平总书记在全国高校思政工作会议讲话中强调:“高校思想政治工作关系高校培养什么样的人、如何培养人以及为谁培养人这个根本问题。要坚持把立德树人作为中心环节,把思想政治工作贯穿教育教学全过程,实现全程育人、全方位育人,努力开创我国高等教育事业发展新局面。”这既是教育的根本也是育人的原则。在中国特色社会主义建设已进入新时代的这一关键时期,重新审视育人观念、育人实践具有重要的意义。

一、新时期育人理念的认识

育人是学校教育教学的根本,育人为本是教育的生命和灵魂。习近平总书记指出:“教育是提高人民综合素质、促进人类全面发展的重要途径,是民族振兴、社会进步的重要基石,是对中华民族伟大复兴具有决定性意义的事业。”面对新时期新形势下的育人重任,我们必须要认真学习和体会育人的内涵,为提高学院育人工作质量打好基础。

我认为,在新时期和新形势下,在育人的关注点上,不仅包含对学生德、智、体、美的培养,还应包括健全人格的塑造与健康心理的建设;在育人的理念上,我们不仅是传授文化知识的师者,更是在教学、科研、管理等过程中,通过文化知识的浸染、价值理念的引导促使学生成才的引路人;在育人的方法上,要遵循“三大规律”“一个特点”展开有效教育和引导(教书育人规律、思想政治教育工作规律、学生成长规律、年级工作特点);在落实育人责任链条上,每一个教职工都是重要一员。基于以上认识,多年来我们在工作实践中不断探索,并取得了一些成绩。

二、新时期育人实践的探索与体会

(一)做好育人顶层设计是学院党委的首责

理学院党委在对理学院的工作实行全面领导、充分发挥政治核心作用的过程中,履行好育人工作的领导责任,其育人工作领导责任的落实则体现在对育人理念的认识和把握、育人方法的研究和创新、育人资源的调动和整合上,总之,做好育人工作的顶层设计,既是理学院党委的首责,也是高品质育人工作的前提。2018 年,我们成立了“理学院新时代‘三全育人’委员会”,这就是理学院党委落实育人领导责任、做好顶层设计的突出例证。该委员会对标教育部印发的《高校思想政治教育工作质量提升工程实施纲要》的要求，按照“大思政”工作格局，以“三个规律”“一个特点”（教书育人规律、思政工作规律、学生成长规律、年级工作特点）为依据，设计出理学院“三全育人”工作方案。该方案通过建立学院育人工作体系、机制，确保育人工作运行的顺畅高效，通过对学院各分管口、各专业系、教工党支部、分团委等各组织的育人工作的任务分工，努力达到全方位育人目标，通过各教工党支部牵头实施各专业系育人工作细则，实现各专业系守住育人责任田。目前，“理学院新时代‘三全育人’委员会”工作已全面推开，运转顺畅、高效。

（二）和谐的师生关系是育人的关键因素

师生关系是育人的前提，理想的师生关系是学生建立价值系统的基础，也是一种教育的力量。构建平等合作、相互尊重的高品质的师生关系，对学生的学习、成长及健康的人格发展至关重要。而高品质师生关系的构建关键在于教师，教师的情操、修养、品德、包容、接纳等情感要素直接影响着师生关系的构建。理学院在育人实践中十分重视和谐师生关系的构建，例如，“入师门”试点工作，即新生进校起，每几个新生划归某一专业课老师名下，建立亲密、融洽的师生关系，为学生后期的学习和发展打基础；师生“双向”互动教育，即利用庆祝教师节活动，引发学生尊师重教、感恩回报的行为，激发教师强烈的使命感和责任感，促其以更饱满的爱岗敬业的奉献精神投入课堂，形成“双向”教育效果；美育工程计划，即提倡和鼓励研究生导师利用美育方法建设高品质的师生关系，通过导师带领实验室团队编词谱曲、拍摄 MV 等形式，在提升学生情趣、品位、艺术修养的过程中，拉近了师生关系，为育人打下坚实的基础；实施“构建和谐师生关系培训计划”，即对教师师德师风、职业技术、情感教育等进行全方位打造等，这些都是建立良好的师生关系的有效做法。

（三）创新育人形式关乎育人的质量和效果

我认为，育人形式的创新，关乎育人的质量。因此，在育人过程中，我们将勇于开拓，追求卓越作为一贯的追求：在思政教育中，我们采取了传统教育与“嵌入式”教育相结合的方法和“情感体验式”的教育形式；采取了“让情感流动起来”的仪式感教育手段和“政治生日”激励责任使命的方式；采取了实施“青年教师培育工程”

的项目和“将基础学科教学优势转化为育人优势”的立项研究以及“党员责任区”制度等。这些育人形式创新的有效做法极大地提升了育人质量。

新时代的育人重任在肩，我们要跟上时代步伐，不断加强学习，提高政治素质，坚持改革创新，抓住培养社会主义建设者和接班人的根本任务，为建设世界一流农业大学做贡献！

推己及人　育人有声
——实践"三全育人"培养体系的教学体会

■ 经济管理学院　臧日宏

臧日宏简介

中国农业大学经济管理学院金融与经济学教授，博士生导师。1998年荣获全国宝钢教育奖，数次被评为学校优秀教师和魅力教师，北京市高等教育教学名师。1989年留校任教至今。

主要研究领域为：公共财政与货币金融理论、资本运营、公司理财和投融资，主持和参加多项科研课题，出版30多部教材和学术著作，发表多篇学术论文。在长期的教学科研实践中，形成了自己独有的教学风格。

臧日宏教授任校级核心通识课程"经济学原理"责任教师。

伴随着改革开放40年的光辉历程，我国高等教育教学改革不断推进，为我国社会主义的经济建设和社会进步培养了大批优秀人才，为实现中华民族伟大复兴的中国梦奠定了坚实的人力资源基础，为社会主义新时代各项事业的稳定、持续发展提供了根本保障。毋庸置疑，伴随着世界风云变幻，我们也明显感到了在人才培养方面的种种不足，如何进一步提高高等教育质量，培养更多的高素质的全面人才，已经成为全社会共同关注的问题。

时至今日，我已经任教整整30年了。30年的教学生涯让我不断成长，教育理念不断更新和深化，教师职业的使命感越来越强烈，对教育问题的思考也一直没有停止。在国家提出建设“三全育人”体系建设的今天，回顾30年的教学实践，我可以将自己对教育与教学的做法和体会总结为：推己及人，育人有声。

一、推己及人

“师者，传道受业解惑也”，先人的至理名言道出了教师的职责所在。“以科学的理论武装人，以正确的舆论引导人，以高尚的精神塑造人，以优秀的作品鼓舞人”，我们党的宣传思想工作的这一指导方针也是对教育教学方式和手段提出的要求。习近平总书记多次强调，教师是人类灵魂的工程师，承担着神圣使命。因此，围绕培养什么人的问题，社会主义新时代要求教师一定要努力加强自身修养，遵循青年学生的成长规律，适应青年学生的心理状态，考虑青年学生的接受能力，推己及人，真正体现教学的教育性。

人们对事物的认知与成长阶段密切相关。通常所见的青春期出现的各种所谓的“叛逆”就是明显的例证。“没有卖后悔药的”，这样的说法其实也是对人们成长过程的一种反思，也就是说，我们对事物的认知和接受能力一定是与时俱增的。

回想每个人的学习历程，自然就会发现，学习的年级越高，对问题的理解和分析能力就越强。自己在小学阶段不会做的题目，到初中阶段就豁然开朗；在初中阶段不会的问题，到高中阶段就迎刃而解；在高中阶段不会的问题，到大学阶段就易如反掌。于是，我们常常会发出“早知如此，何必当初”的感叹！

作为教师，我开始琢磨如何才能让自己的孩子避免在学习道路上走我的弯路，以提高学习效率与效果，从而达到事半功倍的效果。我认真全面地回顾自己的学习历程，再结合自己对教学的不断体验，得出的结论是：影响学生知识接受能力和问题解决能力的关键是对理论范式的不理解或者忽视。其实理论就是对相关知识的某种排列组合，最终体现在一系列公式上。只有充分认识了公式本身，才会认识理论；只有学会了公式的运用，才是真正学会了理论，最后达到融会贯通的地步，才算掌握了理论。简而言之，对理论的把握和运用能力体现在审题这一环节上。审题就是将题干涉及的问题和公式中的各个变量对号入座，看看具备哪些条件，看看求解的是哪个变量，然后代入公式，按图索骥，求出结果。

我将这些探索和思考首先运用在自己孩子的教育上，事实证明效果非常明显。孩子的学习能力和接受能力得到提升，做题的速度加快，解题正确率大大提高，取得了优异的高考成绩。于是，我开始将这种学习思路运用于课堂教学，结合大学生的心智状况，有针对性地渗透教学的相关环节，让学生在不断回顾自己的学习历程中提升自己的知识接受能力和理解能力。

透过自己的学习体验，来思考学习的方式和方法，然后总结出行之有效的教学方法，抓住关键，启人心智，就是我在长期的教学生涯中所坚持的“推己及人”的理念。推己及人的实质是绞尽脑汁地探索有效的教学方法，充分考虑学生的成长认知特点，设身处地为学生着想，最终达到让学生不走弯路或少走弯路，提高学生的学习能力。

二、育人有声

“好雨知时节，当春乃发生。随风潜入夜，润物细无声。”这是唐代著名诗人杜甫的《春夜喜雨》中的词句，表达了诗人对春雨的深情，也不乏对人生的启迪。“高调做事，低调做人”，应该就是一种体现吧。但是在社会主义新时代的历史大势下，中国共产党明确提出要唱响主旋律，在对学生的教育方面要明确提出相应的要求，不能暧昧，不能遮遮掩掩，要敢于亮剑。为此，可以将杜甫的诗句更改为：“好师知学子，当堂乃发生。随教潜入脑，育人细有声。”

借诗抒怀，借机达意，对号入座，旁征博引，这些也是我在教学中对自己的一种要求和期待。对于讲授的几门不同课程，我不会采取相同的教学思维和方法，而是力求充分体现课程的特征，对号入座，结合课程特点来达到教书育人之功效。最明显的就是在“商业银行经营管理”这门课中，我会借机将人的因素贯穿始终，告诉学生“事在人为”不只是一种说法，而是说明一切事业的发展都靠人来推动和执行。

有素质的人可以将坏事变好事，没有素质的很可能将好事变坏事，所以我借机对学生提出了下面的一些要求：“做事要主动，扎实练内功；观察须仔细，表达有内容；思维讲逻辑，用心做事情；兼容并蓄行，豁达度人生。”

（一）做事要主动，扎实练内功

这一条主要是看到一些学生缺乏学习和做事的主动性，也就是通常所说的“眼中无活”而提出的。有些学生的学习不深入，不扎实，有效率，没效果，借此提醒学生要步步稳扎，注重知识和理论的深度学习。

（二）观察须仔细，表达有内容

这一条的目标是提示学生一定要学会观察，不要“事不关己，高高挂起”，通过观察寻找各种机遇，培养各项技能。“表达有内容”的初衷是告诉学生不仅要会学习，还要会考试。有些学生总是抱怨自己学得很辛苦，但就是拿不到高分数。通过判卷，我明显地感觉是这样的学生不会表达，不会答题，希望通过这条要求能够改变他们不会答题和考试的状况，避免遗憾。

（三）思维讲逻辑，用心做事情

教师要“传道受业解惑”，这一条就与传道的要求相对应。学习应该是对知识、思想、理论和方法包括在内的一种整体学习，所以在教学过程中，教师一定要注重对学习方法和思维方式的传授，要培养学生的逻辑思维能力。只有具备了逻辑思维，才会有理论创新，才会有条理地分析问题和解决问题。但有了一定的逻辑思维能力后，还要付诸行动，还要做事认真，不然就会陷入空想的泥潭，华而不实，虚度年华。

（四）兼容并蓄行，豁达度人生

社会是复杂的，人生是多面的，欲望是无限的。面对复杂多变的现实世界，要教育学生一定提高自己的适应能力，在注重自身全面发展的基础上，每一个人一定要充分考虑自己的优劣势，做自己力所能及的事，坚持自己的事业选择，不朝三暮四，不颓废人生，要有集体主义精神，积极参加班级和学校活动，要学会和大家共处。我建议学生读一读毛泽东的著作，去体会领袖的精辟论断：“一个人能力有大小，但只要有这点精神，就是一个高尚的人，一个纯粹的人，一个有道德的人，一个脱离了低级趣味的人，一个有益于人民的人。”从中领悟自己该做一个怎样的人。

推己及人，育人有声——这是我在30年的教学生涯中，始终坚持站在教学第一线，刻苦钻研，认真备课，教书育人的做法和体会。在“三全育人”体系建设的今天，我总结出来，愿意和大家分享，共同提高，为高等教育事业贡献自己的力量。

借助课堂教学开展思德教育
培养社会主义的建设者和接班人

■ 生物学院　杨海莲

杨海莲简介

自2002年以来，从事教学和教学管理工作。目前"主讲生物化学""生物化学B和实验"以及"身边的生物化学"，曾主讲过"植物生理学""生命科学导论"等课程。2005年在澳大利亚悉尼大学进行教学学习，2014年在美国北德州大学以访问学者开展植物次生代谢的相关研究。主持多项教改项目，2017年获得校级教学成果一等奖。

杨海莲教授任校级核心通识课程"身边的生物化学"责任教师。

2018 年 5 月 2 日习近平总书记“在北京大学师生座谈会上的讲话”中指出：“培养社会主义建设者和接班人，是我们党的教育方针，是我国各级各类学校的共同使命。”同时，习近平总书记向广大青年提出了几点希望，分别是：要爱国，忠于祖国，忠于人民；要励志，立鸿鹄志，做奋斗者；要求真，求真学问，练真本领；要力行，知行合一，做实干家。

通过学习习近平总书记的讲话，我对自己作为教师应该培养什么样的学生，如何培养学生有了更深刻的认识。在大学里，学生花费了至少 1/2 以上的时间坐在课堂里进行学习，借助课堂教学，特别是通过专业基础课和专业课程不断进行思政教育。培养社会主义的建设者和接班人是我在进行教学工作时所遵循的原则。

一、以课程教学为载体，实施爱国和爱专业教育

我在中国农业大学教务处教学平台“生物化学”课程上在线学习栏目的一些章节，设置了科学家栏目，上传了科学家的事迹视频和文字材料，便于学生随时学习。

在课堂教学过程中，寻找典型的爱国科学家，通过介绍他们的研究经历以及他们热爱国家、忠于人民的感人事迹，感染和激发学生的爱国热情。例如，王应睐，中国科学院院士、中国科学院上海生物化学与细胞生物学研究所原所长，他组织进行了胰岛素的合成。他为中国生物化学学科的建立和发展立下汗马功劳，他的事迹感人至深。我在课程的绪论中选择了王先生的事迹，上传 PDF 文档和视频文件到教学平台，让学生了解和学习他的事迹，并请学生写下了学习后的个人体会。

每位同学都写出了自己的真实感想，他们的人生得到了启迪，心灵得到了净化。王应睐先生的爱国、敬业、淡泊名利、一心为祖国生化事业奋斗的精神鼓舞着、激励着学生们。

二、借助课堂教学，帮助学生构建“要求真，求真学问，练真本领”的行为准则

目前，在教育工作者中不乏弄虚作假、学术道德败坏的人。在课程讲授过程中，将教学内容相关的正面研究人员的事迹介绍给学生，同时将负面案例也介绍给学生，警戒学生，要求他们做人和做学问要有浩然正气，不做学术败类。

通过这样的举措，让同学们从进入专业学习的伊始就要充分认识到科学研究诚信、求实的重要性，建立自己的做人做事的道德底线。从同学们表示的观点不难

看出，大家都能够明辨是非，建立和维护自己做人做事的准则。

三、依托课堂教学活动，帮助学生养成“知行合一，做实干家”的做事风范

习近平总书记引用前人的话“纸上得来终觉浅，绝知此事要躬行”，告诫青年“学到的东西，不能停留在书本上，不能只装在脑袋里，而应该落实到行动上，做到知行合一，以知促行，以行求知。”在课堂教学过程中，设计学生小组活动，学生需要完成分工协作、阅读文献、准备 PPT 演讲等一系列活动，利用所学知识解决一些问题。在这个过程中，学生对所学知识有了新的理解，他们将充分体会到正确运用知识解决问题的重要性。通过这样的小组活动，训练他们知行合一的能力，从而达到“以知促行，以行求知”的目标。下面是 2018—2019 年秋学期“生物化学”课程上，学生小组活动学习和展示的题目(表 1)。

表 1　小组活动演讲题目

序号	小组演讲题目
1 组	由氧气驱动的氨基酸库的现代多样化
2 组	蛋白质结构
3 组	SDS-PAGE 电泳技术及 Western-blot 分析
4 组	酶与乙醇代谢
5 组	有溶酶体就万事大吉了吗？以及 Western-b
6 组	抗坏血酸成为维生素 C 的原因及影响
7 组	生活太苦，请你吃颗糖
8 组	优秀的碱基已经进入了 4G 时代
9 组	这是一个“沉重”的话题
10 组	你是我的眼——NAD(H)，NADP(H)探针进化史

四、阅读马克思、毛泽东著作和专业书籍，提高自身的政治素养和专业水平

习近平总书记曾说道：“人才培养，关键在教师。教师队伍素质直接决定着大学的办学能力和办学水平”。提高个人政治素质、业务能力是教师教育好学生的前提。

阅读马克思和毛泽东著作、习近平总书记系列重要讲话等书籍，有助于自己对

历史和现实的深刻认识，有助于自己对工作中存在的问题进行深入思考和深刻分析，以便更好地开展教学工作。

作为一名普通的教师，课堂教学是我的主要工作。运用马克思主义理论和方法处理问题，对自己所教授的学生进行细致地分析和分类。如果能够针对不同特点的学生实施个性化的教学方式，那么未来的教学工作将有的放矢，教学效果也会有所提升。

“生化化学”学科发展迅速，知识更新的速度也非常快。今后作为任课教师，要继续阅读文献和专业书籍，追踪学科发展，经常参加学术研讨，不断提升自己的业务水平，更好地为教学工作服务。

坚持“课堂+理念” 细雨润物育全人

■ 生物学院 李连芳

李连芳简介

博士，中国农业大学生物学院教授，北京市教学名师奖获得者，宝钢优秀教师，从教33年，主讲“植物学”“普通生物学”“植物生态生理学”等10门本科生课程，年均300课时。主要从事植物生态与分类的教学与科研，发表科研论文10篇，教研论文5篇，出版专著2部、教材5部，多次荣获各级、各类教育教学奖。

2016年12月7—8日，习近平总书记在全国高校思想政治工作会议上强调，要坚持把立德树人作为中心环节，把思想政治工作贯穿教育教学全过程，实现全程育人、全方位育人，努力开创我国高等教育事业发展新局面。立德树人是广大教育参与者的根本任务，而实现这一任务的有效路径就是"三全育人"。《礼记》有云："师也者，教之以事而喻诸德也。"良好的教育格局应该是教师人人学做"人师"；学生主动承担学习主体责任，全面发展；管理者一切以教育教学需求为导向。作为一名基础课教师，责任重大，是实现"三全育人"最后一公里的主力军、践行者和实践者。

一、教育教学的精髓往往在隐域

教育教学是学术的观点已被广泛认可，然而与探索性科研学术不同，教育教学的成就只有"落地"，体现在教育教学实践中才有意义。教育无小事，只有在教学过程中，做到事无巨细，才能彰显匠人精神，实现立德树人的根本目标。"金课"不是教育技术和学时的堆砌，需要精雕细刻，方能打造出来。育人不同于"制器"，很多时候是无法量化的。细雨润物，教育应该在潜移默化中发挥作用，其精髓往往在隐域。因此，发展性的评价更适合教育教学。

教师不能只作为一份职业，而要成为一项"志业"。"亲其师，信其道"，面对刚刚开始大学生活，处于适应期的学生，基础课教师会遇到更多的问题。因此，教师必须努力做一名有影响、充满感染力的教师。"打铁还需自身硬"，教师必须是一位学习者、反思者、实践者，不断提高自身修养、完善人格。

20世纪80年代以来，人们普遍意识到：教师有效教学所需要的知识与其所具备的学科知识并不完全一致。P. Tamir认为："教师知识应该包括博雅教育知识、个人表现的知识、学科知识、一般教学知识、学科特定的教学知识和教学专业基础知识等6部分。"教学实践是构建教师知识的重要渠道。因此，必须全身心地投入到教学实践中，积极反思，努力完善自己的知识结构，才能实现教师专业的充分发展。

二、教育教学的效果取决于师生参与教学过程的深度

教育教学归根结底是人格心灵的互动，并不是简单的知识搬运。教师不是准确无误的"点读机"或基本功优秀的"播音员"，学生也不是简单的知识"接收器"。

我们必须调动所有教育参与者的积极联动，教育教学才能获得最大的成效。

教育教学效果的好坏不完全取决于教师的业务水平和教学技术，学生才是学习的主体。教育只有在与学生成长水平相互匹配时，才能起作用。早在1989年，Arthur W. Chickering和Zelda F. Gamson就提出了本科生教学实践的7项原则：①鼓励师生接触；②发展学生间的合作互惠；③鼓励主动学习；④提供迅速反馈；⑤强调按时完成作业；⑥表达较高的期望；⑦尊重不同的才能和不同的学习方式。因此，在教学实践过程中，反思至关重要，努力加强教师的动态主导作用，积极创设教学情景，适时鼓励学生深度参与教学的全过程；主动表达教师的教学设计、普及相关教育教学理论，树立正确的教育教学“三观”，即教学观、学习观和知识观，由“教学组织形式”向“学习组织形式”转变。

“己所不欲，勿施于人”，身教重于言传，要求学生“厚基础”，教师必先身体力行，努力钻研基础。一个人科学方法论的养成主要是在研学“经典”中获得的，本科阶段是人生专业发展的基础阶段，夯实基础最重要。对于本科生而言，基础课阶段是上“底色”和构建基本知识体系的过程。根基不牢，地动山摇，从一定意义上讲，基础课教学水平决定了学校人才培养的质量。因此，基础课教学要求任课教师是一名能够把握学科全局、全面发展、卓越的教师。

三、以“学习共同体”理论为指导，坚持“课堂+”理念

随着改革不断深入，基础课学时大幅度缩减，而“厚基础”又是大家的共识。如何避免只满足于“厚学分”，以考试为导向的“快餐式”学习，已然成为亟待解决的问题。实践证明，以“学习共同体”理论为指导，坚持“课堂+”理念是一个有效的途径。

学生不是一张白纸，只有新旧知识达成和谐一致，才能有效地建构知识体系。基于学习小组的研学方式，构建“学习共同体”，营造学习氛围，不仅能够达到“显性知识”的深度学习，而且还能做到“缄默知识”的有效传递。20年来的教学实践证明，该学习组织模式影响了多数同学。此外，为了配合学生成长，2014年创建了校际教与学的QQ交流平台“生物研习社”，2015年又创办了“自然工作室”。多年来，大家始终秉持“乐于分享，互相帮助，共同学习，一起进步”的理念。在交流平台中，有来自10余所高校的490名师生参加，共同研学，分享研学体会、研学资源和成果。

(一)构建了教学基本模式

以“整全”人培养为教学的基本目标,摒弃“知识工厂”,努力实现由“知识教育范式”向“认知能力教育范式”的转变。经过不断优化,业已形成了基本的教学模式(图1)。

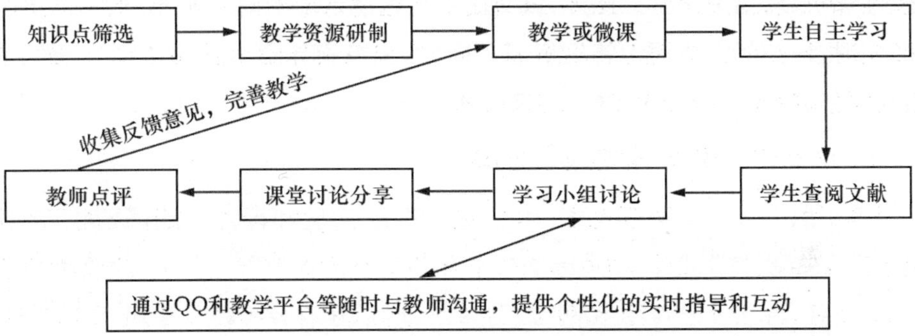

图1 QQ平台“生物研习社”

在该教学模式实施过程中,研学已经成为学生的一种生活方式,教师与同学间的交流与互动也成了一种常态,便捷、即时的交流不仅营造了良好的学习生态,而且也激发了学生的深度学习兴趣。同时,教学相长,也促进了教师的职业发展和业务水平的极大提升。

(二)坚持教学反思,率先垂范

教学技术和技能固然重要,但对于卓越教学而言,教师仅仅具有优良的教学基本功是远远不够的! 19世纪俄国教育家乌申斯基说过:“在教育工作中,一切都应该以教师的人格为依据。因为教育力量只能从人格的活的源泉中产生出来。”

基础课的教学内容具有基础性,教师的态度、学习精神直接影响学生的学习态度和价值取向。教育理论告诉我们,教师的反思与示范,着重体现在认知导向功能、情感陶冶功能、意志凝聚功能、信念激励功能和行为规范功能。没有教师对基础知识的热爱与激情,就不可能有学生正确的学习观。

(三)教学方法与手段

基于“学习共同体”理念,以小组为基本的学习单位。坚持“课堂+”的教学理念，开展互动式教学，创建“生物研习社”QQ 群（QQ 号：98861936），引导学生全方位参与教学，将学习变成一种习惯和生活方式。教师实时观察、引导，根据学生思想动态、研学进程，积极创建教学情景。在师生互动教学过程中，敏锐抓住时机，以喜闻乐见的形式，适时开展隐性的思想政治教育，潜移默化地引导学生树立正确的世界观、知识观、学习观。例如，研制微课、制作影音文件、发表说说等；建立小组间交流、互评机制，促进研学。此外，该交流平台也邀请了不同专业领域、不同单位的专家，实时参与互动，为同学答疑解惑。同时，积极指导学生社团活动以及社会实践活动，每年指导社团 2 次，社会实践 2 次。

（四）完善教学载体，丰富教学资源

主编出版了 3 部全彩版教材，其中包括理论、实验和课外实践，研制了部分微课用于混合式教学。此外，在校际交流平台共享大量教学资源，仅生物物种照片就有1 800 余张，占北方宏观物种的 1/2 左右。此外，还有各种栏目的照片和资料，例如，《博观约取笔谈》《文献阅读笔记》《生物识别》《生物生活史观察》以及来自国内外的成员分享的6 000 余张照片。

在专业课程教学过程中落实“三全育人”

■ 工学院　谭彧

谭彧简介

博士，教授，博士生导师，北京市教学名师，主讲“液压与气压传动和控制工程基础”“机电系统仿真分析”等课程，获北京市教学成果一等奖3项；副主编的《液压与气压传动》在2008年获全国高等农业院校优秀教材；指导大学生创新项目及学科竞赛，获本科生百篇优秀论文优秀指导教师称号13次；主持或参与国家级科研项目20余项，主要从事智能检测与控制方面的科研工作；由其指导的博士生8名，硕士生46名。

2016年12月7—8日在北京召开了全国高校思想政治工作会议，习近平总书记在会上强调，高校思想政治工作关系高校培养什么样的人、如何培养人以及为谁培养人这个根本问题。要坚持把立德树人作为中心环节，把思想政治工作贯穿教育教学全过程，实现全程育人、全方位育人，努力开创我国高等教育事业发展新局面。作为高校专业课教师，对学生同样有义不容辞的育人责任，要把“三全育人”理念、社会主义核心价值观贯穿于整个教学过程。无论是一线课堂，还是创新实践活动方面，要不断地提高学生思想道德水平、政治觉悟、道德品质、文化素养，让学生成为德才兼备、全面发展的人才。

在一线课堂上，教师不仅要教好书，也要育好人。在专业课程教学过程中，培养大学生不仅仅是传授专业知识，更重要的是大学生人生观、价值观和世界观的培养。这不是一朝一时就能培养好的，而是要持续不断地在各个环节中潜移默化的形成。教师在充分利用课堂进行专业知识教学的同时，也把育人责任落在实处。这对提高学生的思想品德、正确的人生观和价值观具有重要的意义。在“控制工程基础”这门课中，共有6章内容，每一章都会结合课程内容对学生进行思想德育等教育。如其绪论部分就是对控制理论的全局了解：首先是介绍控制理论在各行各业的应用，如航天领域“嫦娥三号”登陆月球，航空领域无人机，汽车无人驾驶技术，工业智能制造，机器人技术等。了解我国控制论创始人钱学森及他的爱国和治学精神，使学生深入理解控制理论的重要性。其次是自动控制系统的基本组成、相关概念，反馈控制系统的基本要求，逐步引导学生建立整体、全局观念，只有把握全局、系统整体才能体现个体价值，建立社会主义的人生观和价值观。

在指导本科生URP、国创项目及学生竞赛科技创新活动中，学生要完成从立项、方案设计、方案实施到撰写技术报告，学生要接受一个完整的科研训练过程，从知识和技术角度，指导学生如何查阅资料、如何自学相关的知识，遇到问题如何分析和如何解决，最终将作品完成。在这个过程中，也渗透了育人的教育，潜移默化地教会学生做人之本，鼓励学生珍惜大学4年的美好时光，不要虚度年华，要诚实做人，要踏实做事，天道酬勤，人世间的一切美好生活要靠辛勤劳动来创造的，要与时俱进，做新时代的接班人，承担起中华民族伟大复兴的历史使命。每一个过程都必须认真对待，来不得半点马虎，万丈高楼平地起，一步一个脚印，脚踏实地才能成就事业，使学生明白“工匠精神”在将来的个人职业发展中的重要性，引导学生正确认识远大抱负和脚踏实地，把远大抱负落实到实际行动中，让勤奋学习成为青春飞扬的动力，让增长本领成为青春搏击的能量；使学生牢记爱国、敬业、诚信、友爱的精神，并践行社会主义核心价值观。

为了能更好地将“三全育人”工作做好，作为专业课教师，我们应该努力成为有理想信念、有道德情操、有扎实知识、有仁爱之心的“四有”好老师。只有这样，才能利用课堂这个主阵地，做好专业知识和思想政治观念的传播，但是还需要加强以下2点。

1.转变观念，专业课程教学中渗透育人教育

在传统的专业课教学中，虽然教师也进行了育人的工作，但是意识并不强烈。新时代赋予了专业教师更加神圣、明确的职责。在专业课程教学中，教师要把教育工作融入其中，有意识地将课程与育人内容有机地融合起来，引导学生树立正确的人生观、价值观和世界观，牢记社会主义核心价值观，诚实守信，团结友善，做新时代的楷模，为实现中华民族伟大复兴做出自己的贡献。

2.为人师表，加强政治理论学习与业务水平

教师不仅在业务上要精通，具有深厚的知识，而且在思想政治学习方面也要领先一步。首先，要加强政治理论学习。认真学习党的十八大和十九大会议精神，认真研究习近平总书记的系列讲话，尤其是关于高等教育方面的讲话，提高政治思想觉悟，坚持不懈地用习近平新时代中国特色社会主义思想武装头脑，坚定理想信念，牢记党的宗旨，树立正确的世界观、人生观和价值观。忠于职守，言行一致，求实创新，以身立教，不计名利，乐于奉献。教育工作是一项艰巨而又繁重的工作，教师要正确对待这个客观事实，视苦为乐，淡泊名利，守得住清贫，耐得住寂寞，经得起考验。其次，要学而不厌。随着科学技术的迅猛发展，各个领域的先进知识与技术应用的不断涌现，知识更新的速度不断加快，教师只有努力学习新知识，接受新思想，更新观念，才能与时俱进，紧跟时代的步伐。教师要不断提高自身的理论水平和业务能力，不断进取，不断充实，不断创新，这正是人们所说的“要给学生一杯水，教师应有一桶水。”

总之，在专业课中融入思政教育功能，对教师提出了更高的要求：教师不仅要具备宽广的专业知识，而且要具有高尚的道德情操、思想政治理论知识；对学生进行全过程、全方位的思想政治教育，使学生在收获专业知识的同时，树立健康的人生观、价值观和世界观，懂得做人做事的道理，为将来的职业生涯打下良好的基础。

“三全育人”助力大爱情怀

■ 工学院　徐杨

徐杨简介

教授，博士生导师，北京市教学名师，工程材料及成形技术主讲教师；曾获学生评选的学校“十佳教师”和“我最喜爱的教师”“北京市教育创新标兵”“学校杰出教师和优秀教师”等称号；主持“十三五”国家重点研发课题 1 项，在研科研项目 5 项，曾获得教育部科技进步二等奖、中华农业科技进步一等奖和北京市科技进步二等奖。

教育的核心问题是“培养什么样的人、如何培养人以及为谁培养人”的问题。立德树人是高等教育的根本任务，大学生思想政治教育是一个系统工程。这项工作不只是思想政治课老师、辅导员、班主任的工作，而是每一个教育工作者的职责，要坚持将立德树人作为中心环节贯穿教育教学全过程，实现全程育人、全方位育人。专业课教师不仅仅教授专业知识，也应该增强立德树人的意识，充分挖掘专业课中的思想政治教育资源，利用各种渠道对学生进行德育渗透。

“工程材料及成形技术”课程是机械类及近机械类学生的专业基础必修课，教学工作量大、教学环节丰富、教学难度大，在一个学期的教学过程中，如何将科学原理与人生哲理结合起来，收到“随风潜入夜，润物细无声”的功效，是值得探索与实践的。

一、激发爱国情怀与民族自豪感

在教学中，我非常重视“绪论”课的教学。在绪论课教学过程中，通过对材料科学的发展史、课程在国民经济发展中的地位、国内外的研究状况、我们国家在材料学研究中的贡献以及为什么学、怎么学、学什么等内容的介绍，激发学生的学习兴趣与爱国情怀。首艘国产航母在 2017 年 4 月下水，这标志着我国海军国防力量的不断壮大。而航母的建造与钢铁材料的不断发展和进步息息相关。航母甲板对材料的性能要求非常高，飞行甲板不但要承受重达二三十吨的舰载机在起飞和降落过程中产生的强烈冲击和高摩擦力，还要承受喷气式飞机高达几千度的火焰灼烧。因性能要求极高，全世界仅有少数几个国家可以生产真正用于航母建造的甲板用钢，而我国的鞍钢集团就是具备这种生产能力的企业之一。每当讲到这里时，同学们都会报以热烈的掌声，为祖国感到骄傲与自豪。这项内容的讲解激发了学生强烈的爱国情怀与民族自豪感，极大地调动了学生对本门专业课的学习热情。

介绍一些取得伟大科学技术成就而又具有爱国热情的人物和事件，引导青年学生热爱祖国、热爱科学、珍惜美好的学习生活，从而激发学生在本专业创造人生成就的热情，如材料专业的柯俊先生、师昌绪先生在学术上的成就以及学成归国、报效祖国的事迹。

二、严格教学管理，树立遵章守纪意识

进入大学以后，在脱离了家长和老师的贴身管教以后，许多学生放松了对自己

的要求，缺乏自我管理、自我约束的能力，表现为睡懒觉，上课时迟到、玩手机、肆意吃东西、随意进出教室等缺少教养、无视规章制度的行为。作为专业课任课教师，我们不能对此放任自由，而是要严格管理，及时制止，及时纠正，将现在的“不拘小节”、无视纪律的“小事儿”与将来走向社会的人生发展联系起来，教导学生遵章守纪的重要性，使学生懂得“小事不小”，加强自律，完善自己。比如，对有在课上吃早餐、不打招呼随意出去接听电话或去洗手间的行为的同学进行批评与帮助，下课后，他们说：“老师，我们不是故意犯错误的，以前真的没有意识到那样做是错误的。”

三、团结协作，培养严谨的科学精神

专业课是实践性很强的课程，加强实践过程中的道德行为和科学研究精神的训练，促使知、情、意、行相互影响、相互作用，最终使道德认识转化成道德行为。结合课程实验，我们采取分组实施，每次实验前，将任务下达各组。具体的实验方案、材料准备、工艺参数的制定、人员分工及操作流程都是同学们一起讨论制定。在实验过程中，实验需要每一个参与者认真负责、互相帮助才能得到理想的实验结果。当实验数据出现偏差时，一定重复实验并分析原因。在实验课程的教学中，我们使学生树立严谨的科学精神和团结协作的工作作风。

四、增强主人翁意识，变被动学习为主动学习

专业课教学的思政教育功能除了体现在教学内容上之外，还体现在教学过程中。为了变教师“满堂灌”为学生主动学习，在工程材料及成形技术课中，核心是通过研究材料的成分及处理加工工艺的不同，使材料内部的组织结构发生变化，从而使材料的性能改变，根据不同的工作条件选取合适的材料与工艺。结合教学重点与难点，我设计了铁碳合金相图的分析、钢铁的热处理及工程材料与成型技术的选择等“课堂讨论”的做法：事先给出讨论所需要准备的知识要点、课堂讨论的问题，学生在课下准备知识要点，并给出自己对问题的分析与方案。在课堂上，老师是组织者、聆听者、总结者，学生是课堂的主角，针对问题各抒己见，甚至争论辩解，这种方式极大地调动了学生学习的积极性和主动性，深受学生的好评。通过这样的教育，可以帮助学生树立正确的学习观，增强社会责任感和主人翁意识。

五、为人师表和道德示范，引领价值观

老师的思想品德、工作态度和业务素质会对学生产生潜移默化的影响。教师不但是专业知识的传播者，也应该是学生人生道路的启蒙者。教师的思想观点、教学态度、治学精神、风度仪表、语言表达等都对学生起着示范作用。我们必须严格要求自己，起到好的表率作用，努力得到学生的信任与欢迎，使教师的言行在“润物细无声中”对学生起到潜移默化的影响。我们必须做到认真备好每一节课，让学生喜欢来上课，享受听你讲课。通过讲课的语言魅力，紧紧牵着学生的思路跟着教学内容走，使学生听课精力集中。不管是课堂上还是课堂下，教师都应该多讲积极向上的话，生活中的牢骚、抱怨不宜在同学们面前流露，负面情绪是很容易相互传染的。

六、用“爱”去工作，使学生“亲其师，信其道”

在教学过程中，我们要善于发现学生的思想问题、情绪问题。由于专业课教师在所学、所教的领域有着较深的学业功底，教授的知识学生以前没有接触到，他们很容易对授课老师产生好感，敬佩老师的学识，尤其是教授授课，学生们更是有崇拜心理。当你课间一句关心的询问与一个微笑，主动与学生交流，很快会拉近师生的距离，得到学生的信任。我上第一节课就会给学生留下联系方式，且强调与我交流不仅限于学术问题，包括思想、情绪、生活和未来的规划，等等。

机制 05 班有一个学生，上课出勤很好，而且也非常有礼貌，但在课间巡视中，我发现他总是闷闷不乐，而且书桌上也没有摆放我们的学习资料。课后，我留住他，并不是以批评的口吻谈话，而是从他的基本情况聊起，我对他说：“啊，你很帅，穿着很有品位。”一下拉近了师生的距离并得到了他的信任，在与他的交流中，他告诉我他非常苦恼，由于缺乏自律及对所学专业没有兴趣，已经导致有几门课程不及格，现在很苦恼甚至有退学的想法。我仔细地听他讲述他的困惑与不安，并了解到他很聪明，不沉迷于玩游戏，他不想颓废，想好好学习，但苦于对所学专业没有兴趣。针对他的情况，我多次与他交流，告诫他不能枉费青春，不论做什么都要学习，提出可以选择适合自己并喜欢的专业去学习，为他讲解学校转专业的有关政策。他有了目标，不再郁闷、不再彷徨，新学期终于转到他喜欢的专业并将这一消息告

知我，并感谢我的帮助与指导。

有一位车辆专业的女生，上课精力不集中，作业也不完成，平时与其他同学很少交流，感觉有心事。我主动与她谈话，了解她的难处。经过多次交流，她才坦言，她经常感觉焦虑失眠，无法集中精力学习，觉得自己来自西南贫困山区，家里生活困难，学习有些吃力，认为别人瞧不起她，而且自己不适应北方的干燥气候，身体经常不适。我感觉众多因素导致她有些焦虑抑郁，因此，一方面，我积极开导帮助她，每次课间都与她交流，约她来办公室如师如母般地谈学习、谈生活、谈未来；另一方面，与她的班主任取得联系，共同关心她。经过大家的努力，这个学生不仅摆脱了焦虑状态，而且学业也不错，并攻读了研究生。她在写给我的信中说：“老师，我觉得自己很幸运，能碰到这么关心学生，有爱心的老师，让我在你的课堂里有了改变，获得了前行的力量，你给我的改变的力量不知道有多大。”

在“三全育人”理念指引下，作为教育工作者，我们更加明确高等院校的思政教育绝不仅仅是思政专任教师和思政部门的工作，我们每位专业课教师也应将思政教育融入专业课教学的点点滴滴中，让爱充满课堂内外：爱祖国、爱科学、爱学生、爱老师、爱美好的一切！

思政教育贯始终　润物无声却有声

■ 理学院　何志巍

何志巍简介

中国农业大学理学院教授，博士，承担“大学物理”和“大学物理实验”的教学，年均教学量达到500课时。曾获北京市青年教师教学基本功比赛一等奖，北京市青年教学名师等奖励。现任中国农业大学本科生院培养处处长。

所谓“三全育人”，是指全员育人、全过程育人、全方位育人。2016年12月，习近平总书记在全国高校思想政治工作会议上强调，要坚持把立德树人作为中心环节，把思想政治工作贯穿教育教学全过程，实现全程育人、全方位育人，努力开创我国高等教育事业发展新局面。爱因斯坦在《培养独立思考的教育》中曾说过，“用专业知识教育人是不够的。通过专业教育，他可以成为一种有用的机器，但不能成为一个和谐发展的人。他必须获得对美和道德上的善恶鲜明的辨别力。否则，他连同他的专业知识更像是一只受过很好训练的狗，而不是一个和谐发展的人。”

从“自然科学与素养”这门课开设2年来的收获来简单分享一下，我对“所有课程都具有育人功能，所有教师都负有育人职责”的理解。我们的教学团队一开始就将数、理、化等自然科学知识的传授与学生人文素养的培养作为课程的主导思想，并力求将二者有机融合，明确地认识到各类专业知识的传授与“思政课程”一样可以开展育人功能。每一个知识点、每一名教师都应在教学活动中主动承担起培育社会主义核心价值观的任务，不仅要注重丰富自身的专业知识，更要将思政教育有机地融入课程教学过程中，教给学生基本的做人做事的道理。

一、明确自然科学知识的思想政治教育的功能

在传统课堂上，专业课程教师只需要把专业课的相关知识讲明即可，我们只需要把课程的内容是什么，怎么研究讲清楚即可，却忽视了做学问需先做人。要开展好专业课的思政教育，必须明确思政教育包含哪些内容。然而，面对“课程思政”的创新改革，很多专业课程老师面露难色，尤其是数、理、化理工科专业的教师，大多数老师对“课程思政”了解尚少，对于思想政治教育融入专业课程感觉无处着手。因为我们对思政教育的内涵并不了解，只能求助于思想政治理论课教师列出条目。以社会主义核心价值观为例，目前还存在很多老师不能够完整地将24个字背出，更不要说深入理解，并将其诉诸学生。另外，还有一些老师不关心时事政治，不清楚党和国家的大政方针，这样也无法将习近平新时代中国特色社会主义思想融入课堂。

本课题执行期间，团队负责人积极组织团队成员，充分学习和归纳、梳理思政教育的主要内容，它包括以下几个方面：①开展《教育法》相关内容的学习。教育法

中规定，国家在受教育者中进行爱国主义、集体主义、社会主义的教育，进行理想、道德、纪律、法制、国防和民族团结的教育。教育应当继承和弘扬中华民族优秀的历史文化传统，吸收人类文明发展的一切优秀成果。因此，我们得出结论，思政教育的内容应该包括爱国主义、集体主义、社会主义的教育、理想教育、道德教育、国防教育、民族团结教育以及中华民族优秀的历史文化传统等方面的教育，简单地说，就是一切“正能量”的内容，都可以是思政教育的内容。②积极调研学校思政学院开设的相关课程，了解分析部分课程内容，知己知彼，尽量争取做到有机融合。③开展一系列的学生座谈交流活动，了解学生的思想政治水平。它的主要做法是把握住以“随机渗透性，而非强制灌输”为内在特点。在与学生的交流和讨论中，用实际的自然科学例子启发和引导学生进行思考和学习，同时也对学生进行潜移默化的思想教育和熏陶，帮助学生端正学习态度，树立正确的人生观和世界观。

二、挖掘自然科学知识中的思想政治教育要素

要开展好专业课的思政教育，必须明确知识点中所能够延伸的思政元素，专业课是专业知识的传授过程，同时也是思政育人的过程。非思政的专业课程经过知识点的梳理，总是会有思政元素可以与育人功能进行融合，寻找专业知识内容与思政元素的“植入”点，从而将思政元素的育人功能与专业知识的传授进行有机结合，这就需要对教学内容进行梳理。如果广大专业课教师能够读原文、读原著、悟原理，学懂、弄通、做实党的十九大精神等思政理论，那么思考下一个问题——如何将思政元素有机地嵌入课堂中将会是顺理成章的事。在很多时候，专业课教师为了促成思政元素的融入，刻意地加入相关内容，但由于语言表达能力有限、对思政内容理解程度不一等，无法将思政元素不着痕迹地融入课程中来，这就造成了思政教育与专业课程教学“两张皮”的现象。专业课教师可能找到了某些易于嵌入的点位，但是内容过于生硬、刻板，自然会影响学生对知识的理解和对思政内容的接受。

因此，两者有机融合的目的看似简单，其实不能一蹴而就，还需要专业课教师有较为敏锐的洞察力，有较强的语言表达功底。除此之外，对于融合点位的寻找也需要专业课程教师深思，其实在很多时候必须与思想政治理论课教师合作完成。因此，作为非思政类的专业课教师在专业课教学设计时，我们必须积极去挖掘课

程的知识点，探索知识点与思政元素的切入点。在专业课程中，思政元素育人作用的发挥，并不像思政课程一样那么直接，而是更加隐含，其所要达到“润物细无声”的效果。思政教育与专业课程教学的有机融合势在必行，这关乎高等教育为谁培养人、培养什么样的人，关乎新时代的伟大征程，也关乎着中华民族的伟大复兴。

第二部分

探究

关于高校课程育人模式发展现状与创新机制的探究

■ 林万龙　崔情情

摘要：全国高校思想政治工作会议召开后，全国各高校掀起了探索全程、全方位育人模式的浪潮。习近平总书记强调，要坚持围绕立德树人，把思想政治工作贯穿教育教学全过程，充分发挥课堂育人主渠道功能，使各类课程与思想政治课程同向同行，形成协同效应。各高校的思想政治育人实践正在悄然改变，高校各方面工作也围绕育人工作协同推进，逐步形成了以立德树人为目标的“大思政”格局。本文概括和梳理了高校课程育人模式的特色经验，并以中国农业大学为例，探究“高校课程育人创新机制改革及其效果评估”，进一步验证了高校在思想政治教育改革的实施成效，并提出了高校推进全过程、全方位课程育人实践的改革措施与有效途径。

关键词：课程思政；协同育人；机制创新

一、研究背景

习近平总书记在全国高校思想政治工作会议上强调，要坚持把立德树人作为中心环节，把思想政治工作贯穿教育教学全过程，实现全程育人、全方位育人。习近平总书记指出，所有课堂都要充分发挥育人功能。“守好一段渠、种好责任田”，要把做人做事的基本道理、把社会主义核心价值观的要求、把实现民族复兴的理想和责任融入各类课程教学之中，使各类课程与思想政治理论课同向同行，形成协同效应。

百年大计，教育为本。高校是人才培养的高地，高校的育人模式关系到培养什么样的人，如何培养人的根本问题。党的十九大报告中也明确指出，要全面贯彻党的教育方针，落实立德树人根本任务，发展素质教育……实现高等教育内涵式发展。党的十九大报告明确表达了党对教育正本清源的认识与坚守，摆正了高校人才培养的中心定位，指明了教育教学改革未来的发展方向。

二、研究问题

落实立德树人根本任务，关键是要提升高校思想政治教育的实效性，充分发挥课堂育人主渠道作用，构建“全员育人、全过程育人、全方位育人”的工作格局，将“学术资源”转化为“育人资源”，实现“知识传授”和“价值引领”的有效统一，推动“思政课程”向“课程思政”的立体化育人模式转型。

在当前经济发展的新形势下，多元文化价值与多样化利益的导向对高校大学生影响显著。各高校对育人工作的认识也不断深化，并积极进行实践和探索。但从全局视角来看，当下高校的思想政治理论课程与其他课程协同育人的格局却未能有效、稳定地形成，在育人模式上存在一定的单一性和滞后性。本文着眼于立德树人的根本任务，梳理我国高校当前课程育人模式的现实探索，以事实为基础，以问题为导向，分析高校从“思政课程” 到“课程思政”转变过程中的难点与原因。

当然，各高校在积极贯彻和落实全过程、全方位育人理念的过程中，也不断地涌现出符合学校办学定位，特色鲜明的创新机制。本文还将以中国农业大学为例，探究“高校课程育人创新机制及其效果评估”，通过实证研究评估高校在思政教育改革的实施成效，并进一步探索高校推进全过程、全方位课程育人实践的改革措施与有效途径。

三、我国高校课程育人体系构建与发展现状

（一）课程育人的内涵

习近平总书记在全国高校思政工作会议上讲话明确了课程育人的具体内涵：“要用好课堂教学这个主渠道，思想政治理论课程要坚持在改进中加强，提升思想政治教育的亲和力和针对性，满足学生成长发展需求和期待，其他各类课程都要守好一段渠，种好责任田，使各类课程与思想政治理论课程同向、同行，形成协同效应。”该内涵包括 3 个层次的转变逻辑：一是由思政理论课程转变为所有课程，即从

"思政课程"转变为"课程思政";二是向"课程思政"的转变使育人工作不再是思政课老师的"单兵作战",而是需要所有教职工担负起育人责任,由专员育人转变为全员育人;三是思想政治教育要贯穿立德树人的全过程,伴随学生大学学习的全过程,体现全过程育人(图 1)。

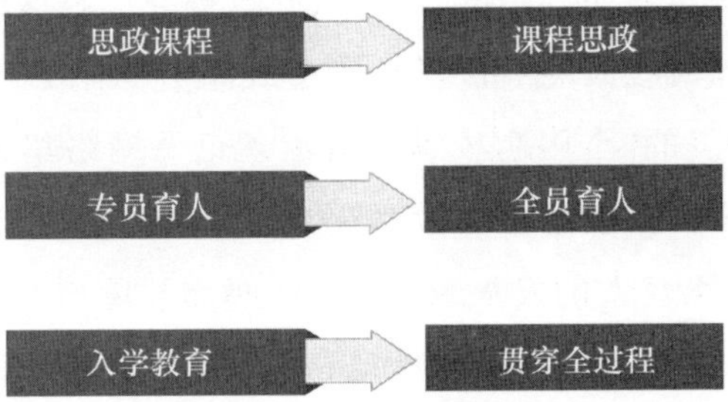

图 1 课程育人内涵

(二)我国高校课程育人模式的发展现状

全过程、全方位育人工作是贯彻和落实立德树人的要求,是培养社会主义建设者和接班人的重要举措。全国高校思想政治工作会议召开一年多来,各地高校纷纷打响了提升课程育人质量、创新课程育人模式的攻坚战,并积极发掘教师教书育人的主导作用,从而形成了更加鲜活的"大思政"育人格局。北京大学利用学科优势,在全校哲学、社会科学等相关院系选拔了一批师德端正、学术扎实的优秀教师担任思想政治理论课兼职教师,为学生讲解社会主义核心价值观;清华大学开展研究型教学、打造优质思政课,"毛泽东思想概论"和"中国特色社会主义理论"这两门课程已经登录美国三大 MOOC 平台,选课者来自世界 130 多个国家和地区;中国农业大学结合育人实践,逐渐构建了以问题为导向的"三三制"思政育人模式,打通思政理论课程与专业课程的界限,整合资源,挖掘所有课堂的育人功能;中国人民大学积极探索思政课教学改革创新,形成了"一体两翼"的教学模式,使研究型教学与互动型教学密切结合。此外,高校党委书记、校长走上讲台为学生主讲新学期上第一堂思政课,如今也已经成为很多高校思政工作的常态。

在教师职称评定、晋升方面,清华大学、北京理工大学、中国农业大学等都对"马克思主义学院"教师实行专门的方案或单评单列,打造专业师资队伍。

在推动教学方法改革创新方面,各高校也展开了许多充满实效性且具有趣味性的尝试。例如，北京理工大学将VR技术融入思政课堂；中央美术学院将教材内容与学生的艺术创作相结合，通过绘画、表演等实现“情境带入”；中央财经大学探索了“问题链教学法”，引导学生层层深入学习；上海各高校推出了“中国系列”思政课选修课，深受学生好评。

此外，各地的高校也纷纷利用网络技术创新，提高思政课的吸引力。天津市自主研发了思政教育“超级校园”手机应用，覆盖天津市90%以上的大学生。由中国人民大学牵头设计开发的“全国高校思想政治理论课网络集体备课平台”，运用现代信息技术手段，为全国高校思想政治理论课教师提供一站式教学服务。

对于我国高校课程育人的发展现状，教育部部长陈宝生将其概括为：导向正了，取向好了，风向变了，气象新了，志向大了。以思想政治理论课程为核心的课程育人模式改革，有了全新的打开方式：从单一化、纸质化、师主化的教学模式转变成为多元化、信息化、师从化的新模式。

（三）课程育人发展的难点及分析

尽管高校课程育人的改革活力涌动，但目前的高校思政教育仍然面临严峻的挑战。

1.在组织保障上，缺少顶层设计与有机联动

全国高校思想政治工作会后，全国各高校大力开展思政教育改革。习总书记提出：“把思想政治工作贯穿教育教学全过程，实现全程育人、全方位育人，努力开创我国高等教育事业发展新局面”。这就需要高校基于系统论的观点，围绕立德树人进行顶层设计、系统谋划。然而在现实中，高校课程育人的改革大多呈现“补丁式”的改革，重在补短而缺乏大局意识，因而难以构成自体循环的思政育人的长效机制。

2.在课程设置上，仍然存在思政课程明显的“单兵作战”状况

高校思想政治理论课程是对大学生系统开展的中国特色社会主义理论的教育课程，也理应是高校所有人才培养的核心课程。各高校均希望通过大力开展思政课程改革，进一步发挥课程在价值引领中的核心地位。但是思政教育、专业教学泾渭分明的现象并未得到改善。究其原因是在教育理念上，专业课教师的德育素质与育人意识欠缺，并未将专业知识传授与价值引领结合起来，从而导致“重教而乏育”的普遍现

象，在协同推进各类课程与思政课同向同行方面，还有较大的提升空间。

3. 在队伍建设上，专业教师知识能力续航不足，教师的德育意识淡薄

部分思政教师对马克思主义理论最新成果的关注、领悟、理解上还有很大提升空间。思政教师队伍还面临人才匮乏的瓶颈，高校普遍难以达到国家规定的思政课教学师生比目标，数百人的“大堂课”在一定程度上影响了教学效果以及思政专业课教师在内的任课教师，容易把教书与育人对立起来，将育人的职责视为任务，因此，育人的效果不明显。

4. 在教学内容与手段上，抽象化的授课内容与学生现实生活相脱节

无法做到贴近实践和问题导向，“用现实激活理论”去引起学生的兴趣。“到课率不高、抬头率不高、参与度不高”仍然是思政课堂的明显困境。此外，信息化的新媒体环境以及伴随互联网长大的新一代学生的特点，对讲好思政课提出了更高的要求。但思政教师队伍的整体水平和能力相对不足，对学生思想的引领作用发挥不够，培养其思辨能力方面还有所欠缺。

四、我国高校课程育人机制创新实践探究——以中国农业大学为例

课程育人机制创新，既要包含宏观的理念创新，也要包含中观的课程体系调整，还应该包含微观的课程模式改革。其内涵可以解释为将思政教育融入教学与改革各环节、各方面，实现立德树人的润物细无声。2016 年 7 月，中国农业大学围绕“本科为本”“人才培养”的中心工作，全面贯彻和落实立德树人的根本任务，进一步深化本科教育教学改革。

（一）目标导向：构建“三三制”思政课程教学模式，突出“显性思政”的价值引领作用

中国农业大学新一轮本科教学改革以中国特色、世界一流为目标，以一流专业建设为抓手，高标准修订各专业人才的培养方案，明确各专业人才的培养目标，着重强调对当代大学生社会主义核心价值观的引导与培育，为提升本科人才培养质量，培养农业现代化领军人才奠定牢固的基础。

为全面贯彻和落实高校立德树人的根本任务，发挥思政理论课程在价值观引领中的显性地位，中国农业大学大力改革思政理论课程建设，构建了以问题为导向

的“三三制”思政课程教学模式。在教学体系方面，实行理论讲授、专题互动、线上线下相结合和理论实践相结合的混合式教学体系；在教师队伍方面，建设包括专职教师、兼职教授和辅导员班主任在内的全员育人队伍；在教学阶段方面，构建包括入学教育、4 年教育的不断线和本、研贯通和衔接教育在内的全程教学。此外，还专门设立 2 学分的思政实践学分，由马克思主义学院、团委、学工部、党委宣传部等协同合作，加强学生思政实践能力的培养，从而形成了“多层次、多形式”的大思政育人模式。

此外，“显性思政”还体现在规范马克思主义理论研究和建设工程（简称“马工程”）教材使用管理、健全课程质量监督保障体系，落实思政教育贯穿教育教学的全过程，构建“全员育人、全过程育人、全方位育人”的大格局；特设稳定的“思政课程教学改革专项”，鼓励教师围绕中国特色社会主义重大理论和实践问题，聚焦当前在校大学生的思想特点和成长需求，由思政课骨干教师协同其他研究领域的教师共同组成研究团队，深入研究教学环境、对象、内容等发展变化规律，巩固和强化思政课在高校教学体系中的重要地位。2018 年 1 月，中国农业大学马克思主义学院申报的以问题为导向的“三三制”协同育人思政课综合改革示范点项目，获批北京高校第二批思想政治理论课教育教学改革示范点。

（二）特色发展：设立“专业课发挥思政教育功能教改专项”，细化“隐性思政”的价值渗透功能，确保专业课程与思政教育同向同行

“隐性思政”的概念与“显性思政”相对。教育界普遍的观点认为，隐性思政教育是教育者为了实现育人目的而实施的不为受教育者明确感知的，并使受教育者在不知不觉中受到教育的思政教育类型。习近平总书记指出，要用好课堂教学这个主渠道，发挥所有课程的育人功能，这是解决高校育人问题的关键所在。课程思政既要突出显性思政，也要细化隐性思政。中国农业大学积极探索和发掘所有课程的思政教育资源，突破思想政治教育过于集中和单一的瓶颈，设立“专业课发挥思政教育功能教改专项”，支持广大教师结合现代教育理念开展专业课使其有效地发挥思想政治教育功能的研究，引导开展教风、学风建设的研究；鼓励以马克思主义为指导，结合中国特色社会主义的实际情况，以树立社会主义核心价值观，培养社会主义事业接班人为目标，开展教育思想、教育理论、教学方式方法及途径等研

究，促进课程思政建设与教育教学改革相结合，促进专业教育与价值引领、价值渗透相结合。

(三)整体谋划：突出以人为本，辩证“教”与“学”，引导学生树立正确的学习观与价值观

习近平总书记在高校思想政治工作会议上强调指出：“高校思政教育工作从根本上讲是人的工作，必须围绕学生、关照学生、服务学生”。习近平总书记的论述高度总结了在教书育人过程中“以人为本，立德树人”的教育内涵。

当前，高校的课程育人环节普遍存在课堂“思政教育”与学生生活脱节、教师的教学方式与学生的信息接收方式脱节的困境。造成这种困境主要有以下几方面的原因：首先，随着技术的不断进步，互联网技术不断应用于教育领域，冲击传统的“教”与“学”关系。其次，以建构主义学习理论为主的教育心理学的不断发展，强调学生对知识的自主构建，并在世界范围内形成了“以学生为中心”的主流教育范式。2015 年，联合国教科文组织推出一份研究报告《反思教育：向“全球共同利益”的理念转变》。这份报告提出，以道德伦理为基础的道德人文主义价值观以及教育是全球共同利益的教育理念，呼吁尊重与平等。可见，“以人为本、立德树人”的育人理念不仅符合我国国情，更与世界教育发展趋势相呼应，兼具本土性与世界性。

中国农业大学在课程改革上充分围绕“教育者”“受教育者”“教育影响”三大基本要素，突出以学生为中心，大力推行学生个性发展与全面发展相结合的教育理念，例如，在具体改革措施中，引入体育俱乐部教学、英语课程模块化教学、计算机课程自主性教学等形式，满足不同学生群体对公共课程的个性化选择与多样化需求。此外，自由而完善的转专业政策，鼓励本科生跨专业、跨学科、跨院校选修优质课程，大力推行小班授课制度，改革学业成绩计算方法等政策，引导学生兴趣选课，树立正确的学习观与价值观。在课堂教学中，充分挖掘课堂教书育人功能，加强师风师德建设，引导教师践行“四个统一”，关注学生学习收获与能力培养，激励学生保持持续有效的学习动力。紧密围绕学生、关照学生、服务学生，助力学生成长成才，建立学业规划、课程辅导、选课指导、心理咨询“四位一体”的学业指导体系，推进“一对一咨询”，常态化“Office Hour”机制，为学生提供个性化指导。完善学业预警制度，开展精准帮扶，有效营造良好的学习氛围，为学生的学业发展“加好油、

点亮灯、照亮路”。

(四)精准定位:打造核心课程体系,服务国家战略,适应经济社会发展,培养“懂农业、爱农村、爱农民”的行业领军人才与拔尖创新人才

中国农业大学是一所以农业为优势和特色的综合性大学,培养具有社会责任感和服务我国农业现代化发展的领军人才是中国农业大学始终坚定的人才培养目标。党的十九大报告中明确提出,实施“乡村振兴战略”,培养“懂农业、爱农村、爱农民”的青年领军人才。为国家推进农业农村现代化输送有情怀、有抱负、有知识、有能力的一流人才队伍是中国农业大学服务于国家战略,建设具有中国特色、农业特色的世界一流大学进程中义不容辞的使命和担当。

课程建设是人才培养实施的直接手段。结合“德才兼备、全面发展、通专相宜、追求卓越”的人才培养理念,中国农业大学依托教学改革,构建核心基础课、专业核心课、核心素质课三类核心课程体系,不断优化课程结构,通过知识传授与价值观引领相结合的方式,促进学生全面发展。其中,核心基础课程(包含思想政治理论课程)、专业核心课程、核心素质课程。从价值教育角度来说,它们分别承担了价值学习、价值引领、价值渗透三大功能,充分发挥着课堂教学在育人中的主渠道、主阵地地位,切实将思想政治贯穿教育教学全过程,培养学生正确处理人与社会、人与自然、人与人以及人与自我等关系的能力,构建基础课、专业课、素质课“三位一体”的课程协同育人新模式(表1)。

表1 中国农业大学三类核心课程体系

课程类别	特色	课程育人
核心基础课	强化数、理、化基础,使基础课教学更针对、服务于专业培养需要	价值学习
专业核心课	每个专业建设10门左右专业核心课程和1门综合实习课程	价值渗透
核心素质课	校内遴选校外引进相结合,满足学生在人文素养、自然科学、政治文化、宽广视野等方面的学习需求,由教学名师与院士领衔授课	价值引领

(五)有序推进:“遵循大三大规律”,激励与监督并举,健全课程育人质量保障体系

规律即秩序,打造全过程、全方位课程育人体系是一项浩大而持久的系统工程,必须充分遵循思想政治工作规律、遵循教书育人规律和学生成长规律,健全教育教学的质量保障体系,从而保障教育教学改革的有序开展与改革活力。

在制度建设上,中国农业大学出台《中国农业大学进一步深化本科教育教学改革的若干意见》,围绕立德树人的根本任务和人才培养的中心工作,整体谋划改革方向。课程思政强调立德树人的育人理念,因此,构建一支高校思政理论课程教学团队、专业课程教学工作者协同育人队伍是推动教学改革成败的关键。在新一轮教学改革中,中国农业大学通过“思政课程教学改革专项”和“专业课程发挥思想政治育人功能专项”双管齐下:一是引导专业思政课理论教师深入一线,把脉学生的思想概念,有针对性地推进教学改革,创新教学形式和教学方法,提高思政理论课程教学的渗透力、说服力和针对性。二是提高专业教师在本科生思政教育的参与度和主动性,充分发挥课堂育人的主渠道作用。

美国教育家杜威认为:“教学和教育是相互渗透的。”为确保课程思政工作在新形势下取得更大的实效,建立良性的激励机制,引导教师积极投入教学至关重要。为此,中国农业大学逐步加大教学奖励力度、扩大奖励覆盖范围,完善教学津贴制度,构建多层次、全方位教育教学的激励机制,并先河性地设立教学型教授岗位,助力教师成就教学的功与名。教育教学激励机制为广大教师坚守本职工作、潜心教学、成就自身增强了信心,成为每一位中国农业大学的教师打磨教学基本功,提升和改进教学的重要驱动力。

健全的教学质量保障体系,还要保证激励与鞭策并举,监督与考核同行。在“领导听课、同行督学、学生评教”三层次教学质量监督环节的机制上,充分发挥教学德育督导功能,完善各类评价指标,引导教师在课堂上引导学生树立正确的人生观和价值观,并将评价结果纳入职称评定与绩效考评,保障本科教学的严肃性与有序性(图 2、图 3)。

一级指标	二级指标	优	良	中	差
	充分挖掘课堂育人功能，在学生树立社会主义核心价值观方面发挥积极的影响作用				
教学方法与手段	积极创新教育教学方法（如融入启发式、探究式、讨论式、参与式等教学方式），师生互动良好，启迪学生思想				
	注重对学生的过程性考核（如随堂测验等），及时掌握学生学习成效				
	合理配置运用PPT、板书、教学模型、多媒体等多种教学手段				
	合理利用网络教学平台辅助教学				

图 2　同行评价

考察类型	问卷内容	非常不同意	比较不同意	一般	比较同意	非常同意
教学评价	老师在我树立人生观、价值观方面给予了正确的启发和引领					
	我认为老师对待学生认真负责、敬业投入					
	老师在授课中经常与同学进行互动交流，启发思考					

图 3　学生评价

五、高校推进课程育人建设的有效着力点

（一）强化组织领导，推进“三全育人”工作机制和体系建设

高校党委要切实保证高校的正确办学方向，掌握高校思想政治工作的主导权。学校发展决策始终体现着教学的核心地位，对“课程思政”进行总体部署，加强领导和指导，坚持立德树人，明确教学目标，在通识课程和专业课程中将社会主义核心价值观和中华优秀传统文化融入教学全过程。因此，必须从以下几方面着手：①加强马克思主义理论学科建设，为“课程思政”提供深厚的学术支撑；②强化全员育人的机制建设，为教师参与教书育人全过程创造条件，提供支持；③建立运行良好的教学质量保障机制，发挥课堂教学作为人才培养的主渠道主阵地作用，提高课堂教学建设责任意识，严格课堂教学质量，把社会主义核心价值观融入教育教学全过程，着力提升学生思想政治工作质量与成效；④强化课堂教学的质量评估，发挥学校全方位德育“大熔炉”的教育合力作用。

(二)强调教书育人,切实提升教师德育意识和价值教育能力

教师是引导学生树立正确价值观取向的关键。只有教师对核心价值有深刻的理解,明确课堂教育中的德育责任,才能在教学过程中自然、高效地将社会主义核心价值观传递给学生。因此,必须做到以下几点:第一,高校要加强高水平教师队伍的系统规划,特别是要强化专业教师的教书育人的使命感和责任感,把德育意识培养纳入教师的日常培训体系;第二,为教师量身设计"职业课程",提升教师的价值教育能力,增强教师的人格影响力,促使教师担好学生健康成长的指导者和引路人的责任,促使学生能够真正"亲其师,信其道",实现教育与教学的有机统一;第三,高校建立和健全师德建设长效机制,要进一步完善教师评聘与考核制度,把课堂教学质量作为教师专业技术职务评聘、绩效考核的重要依据,加大对教学业绩突出教师的奖励力度,激发教师投入教学的积极性。

(三)打造金课,课程设计遵循教书育人规律

课程是人才培养的最基本单元。课程设计是实现"课程思政"目标的基本路径,要让课堂成为思想政治教育的有效载体。所以课程的开发和设计就要从大学生求知需求出发,遵循学生成长规律,立足人才培养目标和学科优势,进行系统设计。在教学目标的制定过程中,注重"术道结合",深度拓展教学内容,确保专业课教育与思想政治课教育同向同行。在课程设计时,我们还要注重提升课堂话语传播的有效性,在讨论式教学、网络深度讨论、情景模拟与角色体验、项链式教学方式、翻转课堂等探索中,促进大学生通过参与和思考,实现认知、情感、理性和行为的认同,以行之有效的"课程思政"教育方式,在潜移默化中培育社会主义核心价值观。

构建协同育人机制　筑牢科研育人根基

——中国农业大学科研育人工作的实践与探索

■ 郭鑫　刘宇　史博　王铁

摘要：科研育人是“十大育人”的重要组成部分，体现了新时代发展的迫切要求，是新时代学生成才的重要途径和思政工作的客观需要。随着社会发展，科研育人存在着制度建设不够完善、重视程度不够、学生科研能力不足等问题。因此，科研育人需要构建协同育人机制，发挥高校各部门的组织协调作用，完善高校教师的师德工作体系，设置科技创新类别学生组织。进而利用深化教育教学改革，构建产、学结合的培养新模式等措施构建科研育人机制，筑牢科研育人根基。

关键词：协同机制；科研育人；实践探索

2017年12月，中共教育部党组发布了《高校思想政治工作质量提升工程实施纲要》(教党〔2017〕62号文件)。该文件指出，要充分发挥课程、科研、实践、文化、网络、心理、管理、服务、资助、组织等方面工作的育人功能，建立完善十大育人体系[①]，进一步提升学校思想政治工作质量。在发挥科研育人方面，要求优化科研环节和程序，完善科研评价标准，改进学术评价方法，促进成果转化应用，引导师生树立正确的政治方向、价值取向、学术导向，培养师生至诚报国的理想追求、敢为人先的科学精神、开拓创新的进取意识和严谨求实的科研作风。

一、高校科研育人的内涵和意义

科研活动作为一种搜集信息、加工信息和创造信息的认识活动，对人的思想观念

① 潘广炜，赵亚楠．关于“科研育人”对提升研究生思想政治教育质量的思考[J]．学校党建与思想教育，2019，(1)：69-71．

无疑具有很直接的影响。科研育人就是通过科研活动培育学生的健全人格和思想品德①。高校科研育人主要通过让学生参加科学研究活动,并在指导他们开展科学研究的过程中,培养和提高学生的思想品德和科研能力,以实现高校育人的目标。

(一)科研育人体现了新时代发展的迫切要求

当今世界,科技日新月异,科技成果不断涌现,科技创新已经成为时代发展的主旋律。中国要想在激烈的国际竞争中立于不败之地,必须大力加强科技创新力度。为适应激烈的国际竞争的需要,首先,我国制定了《国家中长期科学和技术发展规划纲要(2006—2020 年)》和《国家中长期教育改革和发展规划纲要(2010—2020 年)》,对高校培养高素质、创新型人才提出了明确具体的要求,科研育人被摆到更加突出的位置②。其次,高校是育人的摇篮,培养高素质的社会主义建设者和接班人是我国高等教育的目标原则,也是高等教育发展的根本指向。培养科技创新人才是新时期贯彻高等教育的培养目标题中应有之义,在科技创新成为时代发展重点背景下,坚持科研育人是我国高等教育工作的重点和努力方向。

(二)科研育人是新时代学生成才的重要途径

新时代需要的高级专门人才,不仅应该结构更加合理,而且应该素质更高,应当“有理想、有道德、有文化、有纪律”,而且应该树立勤于思考、追求新知、勇于创造的“科学精神”。③ 对高校学生这些素质的培养,不仅需要通过教学来实现,还需要通过科学研究来实现,科学研究是人才培养的重要途径。

(三)科研育人是新时代思政工作的客观需要

改革开放和社会主义现代化建设的新形势对高校思政工作提出了新的目标和更高的要求,这就需要高校进一步拓宽思政领域,探索新的思政工作途径和方法。在现代社会条件下,在思想政治教育中,增加科学性的因素、增加专业知识性是提高思想政治教育效果的重要方面。在思想政治教育中,如果仅是单向的灌输,直接告诉他们结论,往往不易受到他们的欢迎。相反,允许和提倡受教育者发挥自己的主动性和积极性,自主地去对事情的原委和答案进行独立思考和探索,由此得到的

---

① 曹威. 高校科研育人的作用及发展方向探析[J]. 现代交际,2018,(22):190 + 189.

② 李炎. 试论高校科研育人[J]. 山西科技,2018,33(5):79-82 + 85.

③ 杨萍. 新时代高校科研育人问题与途径探析[J]. 宁波教育学院学报,2018,20(4):27-30.

结论，他们就自然而然地接受了。科研育人的方式为思想政治教育增加了"探究"属性和因素，有助于提高思想政治教育的实效性。

二、当前高校科研育人工作存在的问题

（一）科研育人制度建设不够完善

高校科研管理体制并没有以育人为目标。现在各高校普遍重视科研工作，形成了各种督促和考核教师从事科研的体制和机制。虽然这些体制和机制的形成有一定的原因和合理性，但它的导向是在于应对学校间的科研竞争，而不在科研育人[①]。在激烈的科研竞争压力下，一些高校的科研活动已经脱离了育人的目标，不仅没有对育人的根本任务提供支撑和辅助，而且实际上是在不断削弱育人的力量，影响着育人的目标。

（二）科研育人的重视程度不够

科研育人在十大育人中的重视程度不够。在十大育人的大格局下，进一步重视科研育人的作用，教育者要充分认识科研育人的重要性，认清它在高校思想政治教育中特殊重要的地位和作用，特别是要转变只重视教书育人而不重视科研育人的旧观念[②]，充分认识科研活动，特别是师生共同进行的科研活动对学生思想品格成长的意义和引导作用。

（三）大学生自身科研能力不足

目前，大学生科研能力不足具体表现在以下几个方面：第一，不能正确进行文献检索。一些大学生不会利用图书馆，不熟悉本专业学科的国内外的重要期刊，对文献检索系统没有实践的机会。第二，对文献资料的整理能力较差。面对众多的文献资料，文献归纳和综述能力差。第三，学术论文写作和语言表达能力比较弱，不能把自己或他人的学术思想准确表达清楚，用词不严谨、图表不规范、结构不完整，等等[③]。

---

① 肖忠祥，杜永峰．教学研究型大学教科研一体化协同育人机理研究[J]．现代教育科学，2018，(8)：36-40．

② 魏强，李苗．高校科研育人论析[J]．思想理论教育，2018，(7)：97-101．

③ 程序．研究生科研能力培养激励机制刍议[J]．学校党建与思想教育，2018，(10)：89-91．

三、高校科研育人工作体系的构建

(一)科研育人协同组织体系

1.发挥高校各部门的组织协调作用

高校要构建完整的科研育人教育、考评和服务体系,调动广大教师、思想政治工作者、管理人员等各方面的积极性,实现全员育人,对学生进行全方位、多角度的科研意识的强化、科技创新方法的指导、科研行为的规范,从而实现全过程育人。只有充分发挥学校各部门的组织协调作用,才能保证科研育人的有序发展[①]。中国农业大学2015年成立的创新创业工作领导小组,由校级层面组成的领导小组进行顶层设计与总体规划,成员单位包括本科生院、就业创业办公室、研究生院、学生工作部、团委、校办产业办公室、北京建设大学、基金会、校友工作办公室、科学技术发展研究院、人事处、财务处等。分管校领导每学期召开专题会议推进落实,不断探索和建立部门联动、学院实施的工作体系,协同将规划落实、落细。

2.完善高校教师的师德工作体系

完成高校科研育人工作,教师的指导作用十分重要。教师怎样处理科学研究过程中的协作问题、名利问题、师生关系问题等,会对学生产生潜移默化的重要影响[②]。2018年中国农业大学单独设立党委教师工作部,将教师思想政治工作放在更加重要的位置。学校还成立师德建设委员会,负责全校师德师风建设工作的统筹规划和协调推进,明确党委书记和校长是师德建设工作的第一责任人。各二级党组织成立本单位师德建设委员会,负责本单位师德建设和师德"一票否决"的具体实施,明确各二级单位的党政主要负责人是本单位师德建设工作的第一责任人。

3.设置科技创新类别学生组织

学生是科研育人的直接受益者。[③] 在高校科研育人活动中,吸引学生积极主动

---

① 范五三,谢兴政.新时代高校建构科研育人体系的动力机制[J].中国高校科技,2018,(7):41-43.

② 李亚松,程华东.高等农业院校大学生实践育人的载体和长效机制构建[J].高等农业教育,2013,(6):75-77.

③ 蒋群,何丽明,王莲芸.强化实验教学育人职能 培养科研型高素质人才[J].实验室研究与探索,2015,34(9):153-155+160.

参与，发挥学生自我教育、自我管理、自我完善的主观能动作用，能够在科研育人过程中收到事半功倍的效果。中国农业大学在全校610个班团组织中，设置了科技创新委员、定期召开校—院—班的创新创业工作联席会，发挥学校、学生、社团及组织生力军的作用，单设创新创业类别社团，促进11支创新创业类社团横向交流，分类指导。

(二)科研育人协同机制构建

1.深化本科教育教学改革

结合教学的科研环节育人，关键是要把教学和科研有机结合起来，相互促进，共同育人。2016年，中国农业大学实施本科教育教学改革，出台和实施了一批行之有效的教学改革措施。如修订人才培养方案，注重学生创新思维和创业意识培养，设置创新创业实践学分，建立以导师制为龙头的科技实践模式，为学生搭建创新创业能力的培养平台，引导创新创业教育融合于育人过程中，完善人才培养质量标准，将创新创业能力纳入人才培养评价指标体系。

案例1:将创新创业能力考核纳入教学模式改革

中国农业大学明确学生在校期间创新创业学分要求，引导学生通过参加科研训练、“大学生创新创业训练”项目、学科竞赛，在期刊发表论文，取得科技成果等方式获得相应学分。建立、健全创新创业学分积累与转换制度，打通竞赛、论文、项目、实践进入培养方案的渠道，打通学生项目与毕业论文(设计)转化渠道。另外，中国农业大学全面推行考试方法改革，加大平时成绩的权重，侧重学习过程的考查和学生能力评价，平时考核采取作业、答辩、课堂测验、读书报告、课堂交流和讨论、期中考试、课程论文、社会实践等多种方式，逐步实现考试方式多样化等手段，持续促进本科教学由“以教师‘教’为主”向“以学生‘学’为主”转变。

2.建立实验室开放制度

中国农业大学现有521个本科生校内实验室，面向本科生完全开放，并负责提供实验材料，为大学生参与创新创业项目、学科竞赛、课程设计及毕业论文(设计)

等提供了强有力的实验条件保障，极大地满足了实验教学及学生创新创业活动的多样化需求。中国农业大学不断推进实验教学教法改革，鼓励教师充分利用网络教学平台，改变过去单一授课方式，采用互动式教学、驱动式教学、微课视频等。例如，大学物理实验——利用近10年的物理实验竞赛积累，建立了“兴趣科研实验室”，根据大学物理的学科特点，整理制作了大量突出专业特色的操作视频、实验动画等教学素材，供学生使用。此外，学校还依托人机交互、网络通信技术、大屏交互展示体验系统和VR虚拟交互系统，积极推进信息技术与实验教学融合，为学生开展实践活动提供了沉浸式和交互式学习环境，极大地丰富了实验实践教学形式，取得了良好的学生反馈和教学效果。

3.全面实施URP计划

鼓励大学生在本科生期间就参与教师的科研活动，教师根据学生参与科研活动的时间、承担的任务、所取得的成果，给学生一定的学分。中国农业大学为了加强学生科技实践能力和创新精神的培养，提高学生的综合素质，调动学生课外学习的主动性、积极性，首先推行“URP计划”，即大学生科研训练项目，项目执行时间为一年，让学生尽早参与和体验科研工作，给学生提供更多的适合自己特点的挑战和培养机会，营造良好的校园科技文化环境。

案例2:开放科研基地(实验室),共享科研信息资源

中国农业大学动物医学院教师支持学生参与项目研究和开发，甚至作为项目主力队员，提高科研创新能力。该院刘金华教授指导的大学生参与的研究成果发表在*Science*上就是其中的典型范例。在临床动物医院参与学习研究的大学生在提高自身临床实践动手能力的同时，业余时间开展了具有行业技术基础的社会公益活动。科研基地实习和锻炼对学生参加科学研究，提高初步科研能力和创新意识起到了积极的引导作用。

4.构建产、学、研结合的培养新模式

中国农业大学发挥现代农业产业技术体系的优势，以农产品为单元，以产业为主线，拓展原有的单一环节的培养平台，按照从产地到餐桌、从生产到消费、从研发到市场的现代农业产业技术体系工作法，构建产业链的人才培养新模式，推进科技小院、畜牧业和葡萄等产业技术体系，推动精准扶贫、绿色植保、智慧农业等专业学位研究生培养改革项目的实施，引导研究生树立正确的政治方向、价值取向、学术导向，鼓励研究生将论文写在大地上。

5.探索校内外协同，合作育人

中国农业大学探索和建立吸纳各方资源共同参与的协同育人新机制，努力实现产、学、研结合的有效推进、互利共赢。第一，探索和建立校际协同创新战略联盟，深化学院路高校教学一体化建设。第二，强化教学资源的有效共享，推动人才培养质量的提升和创新水平的提高，强化校企深度合作，对接产业发展需求，增强人才培养契合度，提升企业在高校人才培养计划、课程资源建设、教学质量评价方面的参与度，积极组织学生参与志愿服务、顶岗实习等职业养成教育活动。第三，深化校地合作育人，积极利用现有实践资源，打造社会实践基地、专业实习基地、创新服务基地，推动把学生实践活动纳入教学计划，对形式内容、方法途径、学时学分、成绩考核做出明确规定，实现创新创业实践活动学生自主管理，并给予适当的经费资助。第四，开展校所联合培养，选择具有行业或区域代表性的研究院所，校所对应结成合作团队，在一个或几个优势专业，统筹双方资源，制定针对性方案，实施联合培养，探索高水平创新创业人才培养的新模式。

案例3:建设校外基地，推进校内外协同合作

当前，中国农业大学与地方共建的26个野外实验站、71个教授工作站中，相继建设具有学校特色的项目创新创业基地，面向京津冀区域建设创新创业教育平台。中国农业大学在与中国中化集团公司、中粮集团有限公司、中国农业发展集团有限公司、中国化工集团、北京首都农业集团有限公司、北京顺鑫农业发展集团有限公司、北京二商集团有限责任公司、比亚迪股份有限公司、玛氏食品(中国)有限公司、新希望集团、大北农集团、隆平高科、正大集团、溢达集团等多家知名企业合作中，始终将培养创新创业人才作为合作的重要原则。

6. 搭建形式多样的科技创新平台

随着社会对人才的能力和素质培养要求的提高，高校学生不仅更加重视教学过程中的科研环节，而且越来越重视利用课余时间开展科学研究活动。① 根据学生所学的专业和他们的兴趣，成立一些科研或科普方面的协会，定期开展活动，鼓励学生参加各类科技竞赛。中国农业大学定期举办“溢达”创意大赛，不断丰富竞赛评委库和导师团，加大对各学生双创项目赛前的全方位辅导。在2018年的“创青春”首都及全国大学生创业大赛中，信息与电气工程学院博士研究生张琛驰的《基于智能分布式的流离法农村污水处理系统》获得市赛金奖和国赛铜奖，另有5个项目获得北京市铜奖，中国农业大学获评优秀组织奖。在第四届中国“互联网+”大学生创新创业大赛北京赛区中我校斩获1个二等奖和7个三等奖。在第七届大学生科技创新作品与专利成果展示推介会上，中国农业大学获得1个创新金奖、4个二等奖和8个三等奖，并获得最佳组织奖殊荣。

案例4：发挥学科特色，搭建创新创业平台

中国农业大学水利与土木工程学院通过搭建院级CAD制图大赛（分水利组、土建组）、新民居设计大赛，校级结构设计大赛（分专业组、趣味组）、溢达创意大赛，省部级全国大学生水利创新设计大赛、全国大学生农业建筑环境与能源工程相关专业创新设计竞赛，国家级“挑战杯”大学生课外学术科技作品竞赛和创业计划大赛等，构成了“院级—校级—省部级—国家级”与“低年级—高年级”不同层次、不同年级、不同专业的完整的创新创业竞赛体系，收到了良好的效果。

7. 加强教师的师风师德建设

注重科研人员的思想政治表现，就必须在教师开展科研活动之初就提出思想政治方面的要求。教师需要在科研事项审核中做出思想政治和学术道德方面的承诺，并由学院进行审批。在组建科研团队时，团队负责人的师德考核要作为必要条

① 叶国荣. 新时期大学教师角色定位与教育理念创新——基于科研、教学、育人三位一体导向的分析与探索[J]. 科学决策，2008，(12)：53-55.

件之一。在对外推荐申报优秀科研团队中，优先推荐师德考核优秀负责人的团队。

8.强化学生的科研诚信教育

组织学院深化课程教学改革，聘请院士、长江学者等一批知名学者开设“科研诚信与学术规范”课程作为必修课程，在本科生中开设相关专题讲座，通过言传身教，示范引导，培养学生敢为人先的科学精神、开拓创新的进取意识和严谨求实的科研作风；启动本科生毕业论文（设计）的查重工作，组织编写研究生学术规范与学术道德读本，加大对考试作弊、论文抄袭等学术不端行为的惩治力度，构建集教育、预防、监督、惩治于一体的学术诚信体系。

9.加大激励措施，鼓励科研创新

健全和完善学术评价标准和科研成果评价办法。为此，中国农业大学通过出台《中国农业大学科技成果奖励办法》增加了在自然科学、工程技术类等国内期刊（中、英文）发表论文和在主流媒体、网络上发表有影响力的原创性理论文章的奖励，积极鼓励科研成果服务于国家和区域经济发展，加大对国家科技奖、社会服务奖和有特殊贡献奖项的奖励力度。进一步修订和完善了《中国农业大学学生创新创业成果奖励办法》《中国农业大学创新创业奖学金评选办法》，加大了对学生参与科技创新活动的奖励。

10.加强科研育人典型的宣传

宣传部门不断加大对学术名家、优秀学术团队、优秀学生个人先进事迹的挖掘和宣传力度，培育一批科研育人的示范项目和团队，总结科研育人的经验和模式。教师工作部、人事处、工会和团委等部门组织青年教师成长论坛等专题活动，邀请优秀教师介绍教学科研经验，发挥优秀教师科研育人的带动作用。

关于高校实践育人工作体系和机制的研究

■ 张　银

摘要：立德树人是高等教育的根本任务，实践育人是立德树人的核心内容之一。构建实践育人教育体系、完善实践育人运行机制对提升高等教育人才培养质量，进而服务国家人才战略具有重要意义。本文列举了高校实践育人工作的开展现状实例，分析了存在不足的原因，并以相关的理论为基础提出了实践育人工作体系设计和构建的方案。

关键词：实践育人；高校教育；现状；问题；机制

实践育人不仅可以“育智”，而且可以“育德”，立德树人作为教育的根本任务，做好实践育人工作是做好立德树人工作的前提，也为实现教育目标提供了保障，是育人的基本途径之一。在 2016 年 12 月 7—8 日召开的全国高校思想政治工作会议上，习近平总书记强调：“要坚持把立德树人作为中心环节，把思想政治工作贯穿教育教学全过程，实现全程育人、全方位育人，努力开创我国高等教育事业发展新局面。”《国家中长期教育改革和发展规划纲要（2010—2020 年）》针对高等教育提出，到 2020 年，高等教育结构更加合理，特色更加鲜明，人才培养、科学研究和社会服务整体水平全面提升，建成一批国际知名、有特色、高水平的高等学校，若干所大学达到或接近世界一流大学水平，高等教育国际竞争力显著增强”的目标，并具体提出“强化实践教学环节”“增强社会服务能力”等。这是高校实践育人机制、实现立德树人教育任务、全面提高高等教育质量的重要环节，也是完善实践育人工作体系和机制不可回避的重要问题。

一、实践育人的理论基础

实践教育是将知识转化为能力“精神”品格的必由之路和根本途径，是人才成长的决定性因素。实践育人就是通过知识、经验的传授和方式方法的创新，促进价值的认同，增强目标群体的个体素质，使个体得到自由而全面的发展。

《教育部等部门关于进一步加强高校实践育人工作的若干意见》中明确指出，进一步加强高校实践育人工作，是全面落实党的教育方针，把社会主义核心价值体系贯穿于国民教育全过程，深入实施素质教育，大力提高高等教育质量的必然要求。党和国家历来高度重视实践育人工作，坚持教育与生产劳动和社会实践相结合，是党的教育方针的重要内容。坚持理论学习、创新思维与社会实践相统一，坚持向实践学习、向人民群众学习是大学生成长、成才的必由之路。进一步加强高校实践育人工作，对不断增强学生服务国家、服务人民的社会责任感、勇于探索的创新精神、善于解决问题的实践能力，具有不可替代的重要作用，而且对坚定学生在中国共产党领导下，走中国特色社会主义道路，为实现中华民族伟大复兴而奋斗，自觉成为中国特色社会主义合格的建设者和可靠的接班人，具有极其重要的意义。高校实践育人工作对深化教育教学改革、提高人才培养质量，服务于加快转变经济发展方式、建设创新型国家和人力资源强国，也具有重要而深远的意义。

进入 21 世纪以来，高校实践育人工作得到进一步重视，内容不断丰富，形式不断拓展，取得了很大成绩，积累了宝贵经验。但是实践育人特别是实践教学依然是高校人才培养中的薄弱环节，与培养拔尖创新人才的要求还有差距。我们要切实改变重理论轻实践、重知识传授轻能力培养的观念，注重学思结合，注重知行统一，注重因材施教，以强化实践教学有关要求为重点，以创新实践育人的方法和途径为基础，以加强实践育人基地建设为依托，以加大实践育人经费投入为保障，积极调动和整合社会各方面资源，形成实践育人合力，着力构建长效机制，努力推动高校实践育人工作取得新成效、开创新局面。

同样，高校实践育人机制也是促进人的全面发展，建设创新型国家和人力资源强国的重要支撑。习近平总书记指出，积累了宝贵经验，但是实践育人特别是实践教学依然是高校人才培养中的薄弱环节，与培养拔尖创新人才的要求还有差距。要切实改生产力，教育是第一动力。人才是一个国家实现社会文明进步、人民生活富裕和国家繁荣昌盛的基本力量是“我国经济社会发展的第一资源”。全面建成小康社会，实现中华民族伟大复兴，必须不断加强人才培养工作。高校承担着人才培养、科学研究和服务社会等职能，推动实践教育的发展，是培养高素质、创新型人才，建设人力资源强国的必要前提和重要保障。

二、高校实践育人工作存在的问题及原因分析

(一)实践育人系统化程度仍待提升

虽然高校对实践育人工作均给予了重视,但是仍有部分学校没有重视高等教育的发展规律,轻视对实践育人机制的建立与完善。部分高校没有从人才培养的角度完成大学育人使命,片面地追求学科建设、师资引进、科研申报等大学排名的硬指标,忽视学生综合素养提升的软指标,使各高校的社会实践处于离散的状态,缺乏社会实践的全程化、全员化、全覆盖。

(二)学生参与实践的动机和效果偏离实践育人初衷

受应试教育的影响,大学生也不重视实践类教学,还有一部分学生参加实践的功利性很强:对评奖评优有用的、能够有更多物质支持的实践活动就多参加,没有奖项又很辛苦的就少参加。这就使大学生变为被动参与者,实践育人的效果自然无法体现。

(三)现存的"精英实践"组织模式是社会实践中最突出的问题

当前有部分高校在社会实践操作层面出现一些弊端。例如,社会实践活动往往只就事论事,有实践的机会就组织学生参加,没有自己独立完整的工作体系,这样打一枪换一个地方的社会实践活动,不仅影响了社会实践的实际效果,也使学生对实践活动的认可度不高。

三、高校实践育人工作体系的构建与工作机制的设计

(一)实践育人工作体系的构建

为了使实践教育活动正常开展,需要建立完整的大学生实践教育管理工作体系来保障,采取得力的措施来落实。否则,实践活动就会流于形式,达不到预期目的。因此,要构建完整、全面的实践育人工作体系从整体上对参加社会实践活动的学生和指导教师提供制度保障,提出质量要求。高校要结合自己的实际,把大学生社会实践教育活动纳入教育教学总体规划和教学大纲中,形成联动融合的实践育人格局。

1.指导思想体系建设

习近平总书记在2013年5月4日同各界优秀青年代表座谈时强调，实践是提高本领的途径，“要坚持学以致用，深入基层、深入群众，在改革开放和社会主义现代化建设的大熔炉中，在社会的大学校里，掌握真才实学。”高校组织大学生参加社会实践教育活动，应当对社会主义文明建设起到积极的推动作用，让大学生在求学期间服务人民、回报社会，实现了大学生与社会的双赢。

高校实践育人工作的本质是以引导大学生坚定跟党走中国特色社会主义道路的理想信念，不断增强服务国家、服务人民的社会责任感，培养勇于探索的创新精神、善于解决问题的实践能力为基本目标的一种教育实践活动。

因此，在实践育人工作中，我们需要首先建立起以培育新时代中国特色社会主义建设者为目标导向的，以培育德才兼备、理论与实践比重的新时代大学生为己任的思想，以科学的思想体系为引领，进行实践育人工作，确保方向正确，措施有效。

2.权责明确的领导组织体系的建设

学校层面的实践育人工作需要专门的领导部门，各级党、团、学组织负责具体的实施，明确落实各自权属职责，构建全校学工、团委、教务、科研院、各学院、校友会等相关部门的统筹协调、共同发力的全方位实践育人体系。

校级层面可尝试成立“学生实践指导委员会”，由相关校领导担任委员会领导职务。各学校职能部门和学院应当紧密合作，努力为学生实践提供机会和基地。也需明确与企业、政府等单位进行实践基地建设的交涉部门，拓宽学生实践空间和时间的范围；各院系相应明确实践育人的具体实施任务，发挥第一课堂和第二课堂的有机衔接，发挥基层党团学组织和学生社团组织的作用，确保实践育人工作落到实处。

3.实践教学内容体系的建设

针对实践教学体系化不足的问题，应当根据不同学科、不同年级、不同课程科学地编写实践规划和实践实施指导意见，以帮助学生和指导教师有计划、有针对性参与和安排学生实践工作。结合学校产、学、研一体化建设，引导社会各单位提供学生实践，并根据单位需要和社会现实需求、政策指导方向，不断完善实践内容，让学生在实践中有收获、有欢乐。

高校实践育人内容丰富、形式多样，形成了许多有益的经验。然而面对新形势和新任务，一方面，还需要对原有的一些活动形式进行改进和完善，另一方面，也要积极整合拓展，创造新的活动形式，以形成围绕实践教学、生产劳动、社会调研、参观访问、勤工助学、军政训练、社会志愿服务等多种形式的活动模式。以贴近实际、贴近生活、贴近学生的实践活动，充分把握经济社会发展需求，充分调动大学生参与实践的积极性和主动性，构建合理高效的活动模式，确保实践育人取得实效。

4.科学、有效、实施性强的学生实践评价体系的建设

补充完善学生培养计划和评奖评优方案，调整实践部分与其他教学内容的评分权重关系，一定程度上强化学生对实践重要性的认识；建立科学的实践成果评价体系，注意学生实践中的部分与其他教学内容的评分权重关系。

5.激励性强、效果明显的实践负责教师奖惩体系的建设

建立学生教学实践效果的导师负责制，让授课教师有激励性地根据教学内容安排社会实践，让学生按授课教师的安排，有激励性地实施好社会实践。

(二)实践育人工作机制的设计

实践育人是一项复杂的系统工程，高校作为育人场所，直接具体负责实践育人日常工作，应该积极制定细则，建立和完善相关制度，构建全方位共同实践育人机制，促进实践育人的稳步实施。要成立实践育人领导小组，统一领导学校的实践育人工作；要修订人才培养计划，将实践育人纳入学生培养方案，给予一定学分；要建立考核评估制度，逐步提升学校实践育人的实效性。

需要强有力的组织领导和管理机制，将各个单位、部门联系起来，以实现育人资源的合理有效配置。

1.运行机制

推进大学生实践育人运行机制创新，将各个单位、部门联系起来，以实现育人资源的合理有效配置；定细则，建立完善相关制度，构建全方位共同实践育人机制，促进实践育人的稳步实施；要成立实践育人领导小组，统一领导学校的实践育人工作；要修订人才培养。

2.组织协调机制

高校实践育人工作的开展，在顶层设计的基础上，需要完善组织协调机制使其

正常运行。高校需要制定实践育人的总体规划和实施方案,同时配合建立和完善相应的人事管理、监察考核、社会联络等管理机制。需要在统一领导下实现党政工团全力合作、部门协作联动和各单位具体落实的管理体制,努力探索一条组织有序、目标鲜明、保障有度、导向明确的实践育人之路。

3.保障机制

坚守大学生实践育人保障机制创新的思想导向:坚持正确的政治方向、树立组织协调机制使其正常运行。高校需要制定以下几种保障制度。

(1)队伍保障制度　学生工作干部和专业教师是高校实践育人的组织者和实施者,是高校实践育人长效机制能否构建并有效运行的重要保证;要建立、健全高校实践育人管理人员和指导教师的选拔、培训和管理制度,切实提升实践育人工作队伍的业务能力和综合素质。

(2)经费保障制度　高校要将实践育人经费纳入学校财务预算,高校各相关部门和单位要单独核算实践育人经费,做到专款专用,并将此作为财务制度固定下来。高校要逐步提高实践育人经费在经费支出中的所占比例,积极争取社会力量支持,多渠道增加实践育人经费投入。

(3)实践基地建设保障制度　开展实践教学活动,需要良好的实践环境和实践基地。高校应加大对实践育人基地的培育,可以用校企合作共建、校校联合、政企联合等建设实践育人基地,为学生实践能力的培养奠定良好的基础。总之,在运行保障过程中,要注重社会的参与,更要注重社会参与的积极性调动,形成科学体系,只有让学生更多地接触社会的人和事,才能更好地提高满足社会需要的能力。

(4)其他保障制度　还需注意信息网络保障、适时的心理健康教育保障、丰富的载体保障以及优良的环境保障。

4.评价机制

考核激励机制是增强学生参加社会实践积极性,检验实践育人工作效果、促进高校实践育人工作的重要保障因素。考核和激励机制的构建需要从教师、学生以及实践基地等多方面着手,通过考核激励机制来调动学生和教师以及社会组织参与社会实践的积极性。

创新需要从评价内容多维立体化、评价形式多样化、突破评价主体局限性和评价结果、未来导向等入手，建立指标设计、评价过程、评价结果等相互照应的封闭式评价机制体系，具体措施如下：①科学构建系统性、发展性指标体系；②探索实施专业化、专家化的评价过程；③适时反馈指导性、客观性评价结果。

考评结果要作为评估学校办学质量和人才培养质量的重要指标，教师提干和职称晋升的重要参考，学生评优、评奖的重要依据。

完善高校实践育人的评价机制，以思想共识为先导、以构建实践育人活动体系为载体、以基地拓展为实践育人的重要依托、以资金的投入为实践育人活动顺利开展的基础，健全高校实践育人的保障机制。

四、总论

立德树人是教育的根本任务，也是检验高校工作的根本标准。实践育人作为贯穿立德树人全过程的重要环节，其管理体系的健全和完善、运行机制的优化和设计直接影响着高校的育人质量及国家人才事业发展进程。建设校内外多层次、多角色、多对象的工作体系，可以从实践育人的各个环节为育人工作提供保障，有效地引导实践育人工作稳步推进，逐步实施。具体工作机制的优化设计则从具体操作层面为实践育人工作的开展提供了建设基地，而其相关配套的制度性文件及运行机制则用于具体工作的开展。它们分别从整体和细部两个角度搭建了实践育人工作的推进方案，有效地完善了现阶段高校实践育人工作开展当中的不足。

高校作为培养国家先进人才的主战场，必须完整、完善和构建实践育人体系，并将其融入育人体系的各个环节，形成全员育人、全过程育人、全方位育人的多层次的立体育人格局，充分服务于培养社会主义的建设者和接班人这一根本任务，在实现中华民族伟大复兴和中国梦的征程中，提供中流砥柱的人才力量支撑！

高校文化育人在“三全育人”工作体系及机制中的构建与实施

■ 张晓星

摘要：立德树人是高校的根本任务，文化育人是立德树人的重要举措。党的十九大对文化自信提出了一系列新要求，多次强调文化的重要价值，为高校文化育人指明了方向。从近年来我国高校校园文化建设发展中可以发现，各校坚持“以文化人，以文育人”，将文化育人的方针和任务作为思想政治教育的重要工作内容来践行，更加注重聚焦主题、创新形式、搭建平台、特色示范，围绕全员育人、全过程育人、全方位育人在工作体系及工作机制的建设与实施进行了积极探索。

关键词：高校；文化育人；三全育人；体系机制构建

文化凝聚着学校的办学理念和教育特色，是学校赖以生存的根基，引领学校的价值追求和行为导向。党的十八大以来，以习近平同志为核心的党中央高度重视文化建设，从中国特色社会主义事业全局的高度对高校文化育人做出许多深刻阐述。在2016年12月7—8日召开的全国高校思想政治工作会议上，习近平总书记指出：“要更加注重以文化人、以文育人，广泛开展文明校园创建，开展形式多样、健康向上、格调高雅的校园文化活动，广泛开展各类社会实践。”2017年12月，在教育部党组印发的《高校思想政治工作质量提升工程实施纲要》中也明确提出：“注重以文化人、以文育人，深入开展中华优秀传统文化、革命文化、社会主义先进文化教育，推动中国特色社会主义文化繁荣兴盛，牢牢掌握高校意识形态工作领导权，践行和弘扬社会主义核心价值观，优化校风学风、繁荣校园文化、培育大学精神、建设优美环境、滋养师生心灵、涵育师生品行、引领社会风尚。”党的十九大报告中也再次强调：“文化强则民族强……”。面对新时代的新要求，探究高校文化育人在“三全育人”工作体系及机制中的构建与实施，可以为推进高校文化育人工作实现新跨越提供有益启发和遵循。

一、高校文化育人的主要举措

随着我国高等教育改革发展进入快车道,国内高校愈发重视学校的文化建设。通过调研中国农业大学、复旦大学的校园文化建设情况发现,各校针对文化育人开展了诸多实践工作。例如,不断挖掘优秀校园传统文化并从中凝练学校精神,注重榜样示范引领;充分利用自身拥有的有形和无形的文化资源,通过师生联动、第一课堂与第二课堂融合等在学校形成浓厚的文化氛围;借助新型学生管理模式和组织形式,依托各类文化活动,切实将文化育人落实到实践中;努力实现思想政治教育、基层团学组织建设与校园文化建设的统一等。

(一)中国农业大学:《为你朗读》讲述真情故事

中国农业大学于 2016 年 4 月开设了一档朗读分享类的微信栏目《为你朗读》,每个教学周都会推送一期师生或校友录制的作品。3 年来,形成了农大人自己的有声朗读平台,老师、学生、校友纷纷走进录音棚,用自己的声音讲述真情故事,彰显大学特有的人文气质,积极探索文化育人新模式。从舒婷的《致橡树》、林徽因的《你是人间的四月天》到莎士比亚的《十四行诗》、屠格涅夫的《春天的黄昏》……古今中外的名篇佳作均有涉及。其中,也不乏老师、学生、校友的原创稿件,昔日的校园民谣歌手沈庆朗诵了他的代表作品《青春》;中牧实业的董事长胡启毅朗读了原创作品《一个青春》;中国农业大学特招生、患有 4 级听力残障的北京聋人协会茶艺师贺爽朗读了《满怀理想在伊甸园中》;中国农业大学校报原副主编郑培爱在荣休之际写下了《最后的工作考核》。他们用柔软笔触记录下在中国农业大学这方土地所留下的青春岁月,用饱含真情的声音分享了铭心感怀。

(二)复旦大学:4 年制住宿书院

目前,复旦大学有 5 个以实现文化育人为功能之一的 4 年制住宿书院(以下简称“书院”),分别以老校长的名或字命名,各院长由学校聘请资深教授担任,书院设有管理委员会,协助院长工作,书院内学生组建自我管理委员会,自主设立各职能委员会,履行自我管理、自我服务、自我教育的各项职能。作为复旦大学第二课堂和校园文化的重要组成部分,书院基本按学科交叉和大类融合的原则以及学校的住宿区域划分，包括一个区域内的公寓和公共空间，物理空间相对独立，可以帮助学生提高学术兴趣、文化素养、沟通能力、领导能力和社会责任。书院是师生共享的公共空间，承载了师生交流、生生交往、社团联动的各种项目，目标在于实现师生、空间与教育内涵的有机结合。其中，各书院的咖啡吧、书吧、小组讨论室、生态工作室等公共空间的建设使老师与学生、学生与学生的联系更为紧密，也使书院的育人作用更加凸显。①

二、高校文化育人存在的问题及原因分析

高校文化育人工作正在逐步推进和展开，在落实立德树人这一根本任务中发挥着越来越重要的作用，但是在当前的实践中，显然还存在一些不足和问题。

（一）主流意识形态贯彻欠缺

在文化育人过程中，应考虑到受学生喜欢的程度、让学生积极参与的程度等，通过新兴校园文化内容吸引学生参与，但是学生在接受各种校园文化过程中难免面临各种思潮的冲击，如部分有违社会主义核心价值观和非积极向上的意识形态，这就会借助各种校园文化对青年学生产生不利影响；一方面造成学生主流意识形态薄弱，对主流意识形态认同感下降；另一方面会影响学生的成长成才。因而，如何坚持正确的思想理论取向、甄选对学生成长有利的文化内容进行文化育人就成为重要问题。

（二）学生参与度仍待提高

目前，文化育人工作主要依托校园文化活动和学校拥有的有形文化资源，在实践中往往存在利用不足问题：大量活动和资源往往面向高校新生，高校二年级及以上的学生参与度较低；同时文化育人所借助的校园文化建设由于涉及面广阔但部分文化形式受众小、参与度低，往往造成铺开面甚广，但实际影响面小的问题；在文化育人工作开展过程中依托学校各级党、团、学组织，在实际操作中，由于学生的时间分配问题，往往产生应付和学生干部参与多而普通同学参与少等。因此，如何保证文化育人涉及每个学生，并对学生成长和成才真正发挥作用也是一个重要问题。

---

① http://www.stuaff.fudan.edu.cn/10179/list.htm.

(三)文化育人的工作深度、丰富度有待提高

当前文化育人工作往往集中于文艺形态,与学生专业所学内容衔接欠缺,更缺少对经典读物和经典思想的普及传播。文化育人应当是培养适应新时代发展需要,具有思辨能力、能触类旁通、有真知灼见的青年学生。这就需要文化育人结合时代发展不断扩展新科技、新理念等。中国传统文化博大精深,国外优秀文化也值得借鉴,但是对纵向(传统文化)、横向(国外优秀文化)两方面的挖掘与教育仍显不足。因而,如何开展全面的、有内涵的、有深度的文化育人是实施文化育人必须考虑的问题。

(四)文化育人建设的实现形式仍需多样化

文化育人所借助的方式仍然广泛集中于晚会、讲座等被动参与的形式,而小组化、去中心化的文化交流方式欠缺。因而,采取何种方式让文化育人有效率、有成果地实施同样需要考虑。例如,可以借鉴 Seminar、圆桌论坛等参与度高的文化交流方式以及复旦大学书院制度将老师和同学紧密联系的机制。

(五)实践中缺乏系统的顶层设计

长期以来,校园文化的建设似乎并未成为高校建设的主要目标。文化育人工作的实施缺少明确的目标激励,在追求科研成果和就业率时,难免忽略对学生文化内涵的教育,导致各方面文化育人措施的创新和应用不足。因此,需要建立文化育人的工作体系机制。

三、高校文化育人工作的体系构建

文化是道德的滋养源泉,是民族的血脉,也是人民的精神家园。形成人人育人、处处育人的校园文化氛围,需要上下协调一致,从而达到构建文化系统的工作体系。

(一)以习近平新时代中国特色社会主义思想为指导体系

加强高校文化建设,推进文化育人,首要的任务是坚持社会主义办学方向,坚持正确的价值取向,推动具有中国特色社会主义文化的繁荣兴盛,牢牢掌握高校意识形态的工作领导权。新形势下文化育人的概念既有内涵式的深化,又有外延式

的扩大。任何文化都有价值取向，映射在高等教育文化育人上，其价值取向就是加强学生理想和信念的教育、中华民族优秀传统文化的教育，积极推进人文教育与科学精神相融合。价值观教育始终是文化育人的重要内核。因此，中国高等教育中的文化育人归根结底是要深入地进行社会主义核心价值观的教育，使之融入每个青年学子的心灵中。

（二）建立文化育人的目标体系

明确的目标为工作提供了基本遵循和指导，因此制定文化育人各级目标和阶段目标，以目标定工作，以目标评价工作，进而与下文的相关机制进行衔接很有必要。

（三）建立权责、分工明确的领导和执行体系

学校在进行文化育人工作时，需要建立专门的领导部门，各级党、团、学组织负责具体的实施，明确落实各自权属职责，构建全校学工、团委、教务、各学院等相关部门统筹协调、共同发力的全方位文化育人体系。校级层面可尝试成立文化建设委员会，由相关校领导担任委员会领导职务，下设文化建设办公室，挂靠宣传部或团委，专门设立文化建设专项基金，统筹推进学校的文化建设。各相关校级部门依职能进行相关工作安排，如图书馆、教务处、教育基金会、国际合作与交流处、后勤处等提供场地、师资和资料等的保障。各院系明确文化育人相应的具体实施任务，发挥第一课堂和第二课堂的有机衔接以及学生社团组织和基层党团学组织的作用，确保文化育人工作落到实处。

（四）形成校园的良好文化氛围，营造文化育人的良好环境

以社会主义核心价值观引领大学文化建设，形成独特的制度文化、学术文化、管理与服务文化和环境文化。具体可以通过以下几方面来实现：①在课堂教学中，创新思想政治理论课教学，扩展通识课内容；②创新师资队伍建设，实现教书与育人相结合、言传与身教相结合；③带动校园生活去浮躁化，引领校园风气，培育校园文化品牌活动，提升校园文化活动的育人效果；④鼓励通过社会实践增强大学生的生活体验和感悟，提升其道德情操和精神境界。

（五）建立涵盖面广、有深度、学生喜欢的内容体系

围绕中华优秀传统文化、革命文化、社会主义先进文化等开展文化育人工作，依靠服务文化和环境文化。具体可以通过以下几方面来体现:①带动校园坚持敬畏中华民族源远流长的传统文化,去其糟粕,取其精华,实现有内涵、有深度的文化育人,坚持“师古但不复古,坚守但不保守”的基本原则;②坚持弘扬科学精神和创新文化,以具有前瞻性和创新性的科学文化和人文文化,培育全面发展、先进性的青年学生;③及时关注社会需求,将国家发展战略需要与日常培养环节紧密结合;④以趣味性、参与性强的形式和方式实现文化育人工作,适当编写效果较好的教案和大纲或指导手册等。

(六)建设一批接地气、吸引力强的文化育人平台

可通过建设平台来实现,具体体现在以下几方面:①结合新媒体发展和学校已有的有形、无形文化资源,将相关文化内容在平台上进行传播;②借助社团、文艺晚会等集体活动加强传统的校园文化建设;③联系兄弟院校,建立校际文化联动平台,让学生有更多选择空间,并形成文化育人的适度竞争机制,提升文化育人效率。

(七)建立有责任、有能力的教师体系

教师和学生角色不同,高校必须注重构建中华民族优秀传统文化学习的第一课堂、第二课堂以及生活实践的良好互动关系。高校的专家学者理应为以文化人、以文育人提供学理支持和实践引领。中华民族优秀传统文化的门槛不应该高不可攀,需要教师带领学生一道进行分层次、分梯度地转化与输出设计。在实践中应当突出学生的主体发展,由教师把握正确的发展方向,以知识文化传授为基础,在夯实学科知识中,增强文化自信;以审美文化为追求,在美育中,增强文化自信。

四、高校文化育人工作的机制设计

文化育人在人才培养中发挥着重要作用,是高等教育进入深度发展阶段的必然选择,也是高校实现人才培养目标的必然要求。文化育人要在高等教育人才培养中最大限度地发挥作用,离不开完善的机制设计。

(一)补充学生成绩的评价机制

“以文化人,以文育人”是文化育人的价值旨归。文化育人的本质在于以人类文化的正向价值为导引,教化人走向道德、理性、真善美,进而实现立德树人的目标追求。高校作为优秀文化的引领者,应当充分挖掘文化育人资源,并将其作为重要

抓手，不断创新思想政治工作，培育德才兼备、全面发展的人才。中共中央办公厅、国务院办公厅联合下发《关于实施中华优秀传统文化传承发展工程的意见》，明确提出，中华民族优秀传统文化要贯穿国民教育始终的工作要求，定下高校“立德树人”的发展基调，为高校的文化育人指明了方向。由此可见，无论是文化育人的内在要求，还是政策需求，都必须将文化育人的成效体现在学生的表现上。这就需要将现有的学生评价体系进行完善，在对学生进行综合评价时，科学考虑文化素养的权重，以科学的指标评价学生的文化教育质量。

（二）健全文化传播、教育机制

借助平台体系和教师体系推进中华优秀传统文化教育；挖掘革命文化的育人内涵；有效利用重大纪念日的契机和重点文化的基础设施，开展革命文化教育；开展社会主义先进文化教育、繁荣校园文化；创新校园文化品牌，挖掘校史、校风、校训、校歌的教育作用；建设美丽校园，把高校建设成为社会主义精神文明高地；以纪念性仪式、过渡性仪式、传统性仪式和日常性仪式等大学校园仪式为切入点，积极探索大学校园仪式的活动育人功能。

（三）建立多方协同、有效的联动机制

从组织协调、内容安排和实施调控三方面入手，构建协同育人的校园文化；通过加强多方协同，构建起最具院校特色的校园文化体系；通过领导和执行体系，建立完善的文化活动组织协调机制，保证各部门间的沟通协调，保证日常和节假日的文化实践活动，构建文化活动内容的安排机制。例如，打造校园文化品牌及开展形式多样、内容丰富的文化活动；制定项目化运营、纳入教育计划并健全考评制度；突出团队建设、设立竞标模式等文化活动实施调控的相关制度。

（四）以服务师生为本，调改高校内部管理机制

以涵养职业情怀为抓手，建设好师资队伍；将专业教育与个性发展融通互济为育人依归，再造育人文化；拓展人才培养与服务社会有效对接的产、学、研的合作通道；建立监测、评价、考核、保障的工作机制，根据目标体系将文化育人与人员晋升、评优相结合，将育人职责与个人利益直接挂钩；建立考核评价机制；制定文化育人考核评价指标体系与奖励办法，最大限度地调动广大教职员工的积极性等。

（五）建立经费保障机制

设立文化育人专项基金，每年拨付经费用于文化育人各项任务的落实，稳固推进文化育人机制的健全。

（六）建立舆情监控和引导机制

校园文化是一种新兴的文化软实力形态，是提高文化软实力的堡垒。如今各种思潮的冲击并伴随着信息时代信息爆炸式的传播，大学生需要科学、有效的舆情引导机制帮助他们进行信息的区别和筛选。因而，依托文化育人建立舆情监控和引导机制十分必要。一方面舆情引导应纳入目标体系，成为领导和执行体系的重要内容，另一方面也需与其他机制进行衔接，确保真正发挥作用。其中，高校宣传部门需要创新网络文化育人方法，围绕融合媒体特性，从转变思想观念、优化现有管理模式、建设网络文化育人平台实体、提升人才队伍的互联网传播能力等方面，利用青年学生的普遍认知方式，探讨经验认识，达到和而不同，形成视域融合的文化育人目的。

五、结语

青年兴则国家兴，青年强则国家强。大学生作为新时代中国特色社会主义建设的生力军，其文化教育十分重要。高校要坚定文化自信，把握新时代文化育人的特征规律，不断探索和完善文化育人在“三全育人”的工作体系及机制，确保将文化育人落到实处。

高校网络育人工作的思考与实践

■ 伍越　江丽

摘要：进入21世纪，高校育人面临着各种挑战，"知识爆炸""性格差异""城乡差距"……其中，互联网高速发展下带来的浪潮冲击，是我们在新时代面对的最为直观的巨变。网络让教育更直观、更平面，也让育人工作呈现出多元化、多渠道、多层次的发展。高校如何在新环境下坚持"网络育人"的方式，构建起互通联动机制，任重而道远。而是否能够利用网络这一平台，综合资源配置，发挥特有优势，也是高校工作者所面临的挑战。本文从当前高校网络育人的现状入手，理论实践双剖析，结合自身的经验教训，分析阐释了在信息化时代，如何更好地开展育人工作，培养优秀人才的方法和途径。

关键词：高校；网络育人；实践

"十年树木，百年树人"，培养一批德、智、体、美、劳全方面发展的新时代大学生，离不开学校全过程、全方位地指导与引领，也在时刻要求学校必须从更为创新、更从与时俱进的角度着手，为人才培养提供新的广阔平台。如今，在新时代下，互联网成为传播正能量最为便捷的方式。"谁赢得了互联网，谁就赢得了青年"，只有充分发挥网络高效、便捷、交互等优势，形成校内外互联网的教育合力，才能让育人工作活起来，从而增强高校育人工作的时代感和吸引力。

一、网络育人，何其重哉

2016年12月，全国高校思想政治工作会议在北京举行。在会上，习近平总书记着重指出，要坚持把立德树人作为中心环节，把思想政治工作贯穿教育教学全过程，实现全程育人、全方位育人。党的十九大报告也提出，要全面贯彻党的教育方针，落实立德树人根本任务。

2018年，由教育部主管的全国高校思想政治工作网正式开通上线，旨在通过教育战线深入贯彻和落实党的十九大精神和全国高校思政会精神，全面落实《高校思想政治工作质量提升工程实施纲要》要求，从而更好地通过网络开展创新育人工作。这就要求我们必须坚持正确的政治方向，统筹运用各类资源，不断创新方法方式，致力于建设新时代高校思政工作网络育人的主阵地。

积极构建网络育人工作体系与机制是党中央对高校思想政治工作进行全面、系统、科学判断基础上做出的重大决策部署。在当下互联网这个没有硝烟的战场上，谁能用自己的话语体系引领潮流、折服对手，谁就能占据主动形势，“网”聚人心，通过对舆论的引导和言语的把控，精准获取网络信息，下好网络思想政治工作“先手棋”。因此，高校网络育人工作要调整话语方式，创新话语体系，提升育人实效。这既是高校思想政治工作面临的重大课题，也是影响和制约高校贯彻和落实立德树人根本任务的难点所在。如何整体推进高校网络育人的工作体系和机制，切实落实立德树人根本任务，这项工作需要扎实的理论基础和丰富的实践探索，从而更加深入地贯彻和落实党的十九大和全国高校思想政治工作会议精神。近些年，随着各高校对网络育人工作认识的不断深化，相关工作也不断向前推进，在制度和理论上都有了丰富的成果。

第一，各高校在体制、机制的建设方面都进行了实践和探索。北京大学建立了安全、稳定的一线工作小组会上的研判机制，加强对安全和稳定形势的综合研判，进一步充实和完善矛盾纠纷排查、化解制度，完善信访工作的相关制度，建立信访工作联席会制度、联络员制度等；清华大学制定和实施的《关于进一步加强课堂教学和哲学社会科学类讲座论坛研讨会管理的意见》，严格落实“一会一报”“一事一报”制度，密切关注网上新闻动态，进行舆情管理；北京理工大学制定《加强和改进新闻发布工作的实施意见》，确定党委宣传部负责人为新闻发言人，把突发事件新闻发布纳入应急机制。

第二，加强自媒体和新媒体管理，做好网络舆论引导。北京大学持续指导和规范青年网络发展协会、新青年网络文化工作室、微信公众号“北大新青年”等青年组织，引导青年网络学习；清华大学着力打造学校、院系、个人等多维度的新媒体矩阵，通过新媒体矩阵深化主题教育实效；中央美术学院形成了以新媒体为龙头，新老媒体共融互动的宣传工作机制。

第三,将网络文化建设和网络思想政治教育结合起来,发挥党员先锋作用。清华大学进一步明确使用《马克思主义理论研究和建设工程》的教材要求,形成学校和院系二级教学督导机制;中国人民大学通过"红船领航"新生党员熔炼计划引导学生的价值观。

第四,建立线上线下融合的网络育人工作体系,完善网络思想政治教育工作机制。北京师范大学打造多维合力,将线上新媒体与线下记者团相结合,开展网络工作;北京外国语大学,一方面抓好新媒体建设,打造新媒体矩阵;另一方面强化线下形势政策课安排,引导线上、线下双育人。

在全国思政工作会议召开和中央三十一号文件颁布之后,越来越多的高校开始积极贯彻落实网络育人的理念,并依托网络新媒体、网站、社会实践、专业讲座等多种方式,多维度融合育人理念,推进网络育人。既在网络层次上开展思想政治教育,也在实践层次上推动主题教育、社会实践、创新创业的发展,促进思想政治教育和互联网的有机结合。

通过初步调研发现,现阶段许多高校有意识地将网络育人的理念贯穿在日常的大学生思想政治工作中,在线上网站和新兴媒体发展的过程中,强调思想政治的建设和创新发展,鼓励教师参与学生活动,线下积极推进课程教育和讲座安排。其中,主要工作以党委宣传部为主,下设新闻记者团,新媒体联盟,视频组等学生组织,统筹发展,由宣传部营造网络育人的氛围,统筹设计各方面工作。从大环境视角来看,网络育人需要更好的发展环境,需要其他部门和研究领域的配合,从而从顶层来设计和构建全网络的育人环境;从部门内小视角来看,如何摸索出系统化、全方位的网络育人机制,并保持其高效运转是如今需要面对的挑战。同时,如何在现实中扬长避短、吸取经验,确保好的措施执行到位并坚持下来也是目前急需解决的课题之一。此外,虽然也有一些高校加大了网络育人的顶层设计,但在落实的过程中,理论和实践存在脱节,不能很好地在工作中印证理念,导致育人思想也就变成了一纸空文。

在查阅文献中,我们也发现对于网络育人的研究存在的薄弱环节。其中,研究内容多侧重在线上网络对学生发展的影响,忽视线下针对网络影响而开展的实地实践和理论培训,例如,大学生上网娱乐化倾向、网络运用对大学生思想政治状况的影响、网络潜在的消极影响等;对于网络育人方式的创新力度不够,单纯依靠官方网站及官方发声平台无法形成青年内在影响力，技术创新迫在眉睫，亟需发展技术创新在教育变革中的正向作用。例如，在教学领域应用大数据、云计算等互联网技术，促进教育者与受教育者的相互交流，达到思想政治教育的生活化、创新化；应更加注重专业教师的思想水平和引导能力，开展教师培训课程。例如，开办教师网络工作室，鼓励教师参与交流活动，线下进行高校交流会，建立教师课堂教学评价体系，实施多样、分层教学，促进学生个体发展。

除了围绕网络育人这一课题进行的专项研究外，各高校也开展了比较综合、丰富，包含网络育人在内的多方面的育人研究。例如，通过 10 年首都大学生发展数据分析高校学生参与度及其成长的影响机制，研究从学生课堂参与、课外课堂参与、课余活动参与等角度来研究学生成长发展；基于首都大学生的发展调查，从高等院校的结构性和组织性特征、高校环境、学生特征、学生参与来分析学生成长发展。而这些综合、系统研究的视角主要基于高校自身的组织特征或教学活动特征来进行研究，存在薄弱点，缺乏从时间、空间的维度来分析学生个体经历对其成长发展的影响。教室、宿舍、食堂、图书馆、运动场、办公楼等是学生用于学习和生活的空间。这些空间的管理、服务、文化氛围等影响着学生认知、情感的成长发展。学生的时间主要分配在课堂学习、科研活动、网络学习和娱乐以及其他课外活动实践中，学校提供的支持力度和对学生能力的挑战强度影响着学生的能力发展。如何从时间、空间多维度地为学生提供良好的环境，在实现网络育人的同时，从教育、科研、实践、服务、文化、组织等方面开展育人教育，实现高效协同联动，从而实现立德树人目标的研究还较为鲜见。因此，在开展网络育人的同时，如何突破现状的局限，进行创新性联合操作以及在大环境下实现多方面联动发展，同样值得研究和解决。

二、网络育人，何其难哉

不可否认的是，在进行网络育人实际落地的工作中，存在着一些问题和难点。通过调研，我们了解并梳理了一下当前网络育人工作存在的挑战，并对影响和制约网络育人工作的主要因素进行了分析。在整体工作框架搭建、机制运行、互动反馈中，仍有实践难度大、方式手段老、应急速度慢等问题亟须重视与解决。

（一）构建全程全方位育人工作体系难

网络育人工作体系建设的目的就是要将网络育人目标分解成具体任务融入各

项工作当中，使学校上下一盘棋，在理想信念教育、价值观塑造、能力素质提升、情感心理建设等方面为青年学生提供科学全面系统的指导和帮助，助其更好地利用网络成长和成才。中央三十一号文件明确指出，要把思想价值引领贯穿教育教学全过程和各环节，这就不仅仅涉及网络育人，更需要线上、线下统筹发展，需要以更高的站位、更广阔的视角系统梳理高校在网络方面对于高校人才的培养中所承担的主要职责，从而更好地发挥育人作用。因此，在网络育人中，贯穿学生成长全程、涵盖人才培养全方位、实现线上、线下协同联动的工作体系的构建是一个复杂的系统工程，需要高校统一领导，从而建立统筹协调、共同发力的全方位网络育人体系。

(二)建立良好的创新机制及反馈机制难

目前，各高校依托的网络育人技术大多相似，且培育人才的方式手段急需更新。如何利用互联网及其衍生品，更好地将思想政治建设、文化建设、实践教育融入学生的日常学习生活中，如何更好地采取创新方法调动学生积极性是目前需要解决的难点之一。在互联网发展大背景下，传统媒体和新媒体交替发展、可供学生接触和选择的媒介方式也日新月异。高校在了解网络新特点和学生需求后，有的放矢，创新改革，建设更有发展潜力和调动性的育人系统。

不少高校利用新媒体平台开展工作，但形式内容同质化严重：一是频繁使用微信公众号推送，单纯利用文字进行阐释，把网页内容照搬微信平台，通篇没有图片和视频，简单、单调；二是内容上依旧遵循老媒体的发言渠道，严格参照公文写作风格，缺乏对学生的吸引力，从而达不到创新互动的效果。目前，喜闻乐见的“一图读懂”模式、H5 效果、短视频、VR 技术等，虽然在不断尝试，但依然利用率不高、互动感不强。因此，在网络层面的创新和改变仍是当前不可忽视的重点。

(三)教师育人体系与机制落地难

教师作为高校中实行育人机制的中坚力量，其发挥的作用愈发重要和凸显。充分发挥教师在网络育人体系中的指导作用和引领作用，可以更好地帮助学生进行思想建设和文化建设，这就要求高校更加重视和调动教师参与网络育人的积极性：①从管理学的角度来分析，如何使不同学科专业的教师围绕育人目标而相互配合，形成良好的互赖关系是管理学上的难题；②从教育学的角度来分析，大学的微系统包括与父母、教师、管理人员、同伴相处的家庭以及课堂、宿舍等。其中，教师占有很大的比重，如何构建这些微系统并使微系统中的教师发挥作用，协助系统有效运转并形成促进学生成长发展的合力是研究的难点。

实践是检验真理的唯一标准。再好的工作体系与机制最终还是要落实到学校人才培养的工作实践中。从实践的角度来分析，大学生网络育人教育的工作机制可以方方面面，例如，媒介运行机制、学习教育机制、督察评价机制、执行责任机制、考核评估机制、奖惩激励机制。学校党委的坚强领导和良好的顶层设计是确保网络育人工作落地生效的重要保障。如何使这些机制在学校层面顺利运行，使各部门在育人工作中建立良好的互动关系并坚持下来是实践中的难点。其中，针对以上难点，主要影响因素可分为以下几方面。

第一，有的高校对网络育人工作重视不够。有的高校将重点放在了网络建设而忽视了线下工作，有的高校存在重教书轻育人、重智育轻德育、重科研轻教学的问题，把网络育人狭义理解为教学科研的网上平台，存在思想政治工作与教学、科研业务“两张皮”的情况。

第二，有的高校实践力度不够。抓理论轻实践，落实机制力度欠缺，在方案的制定和推进中还存在操作性不强、方法手段单一等。例如，有的高校阵地建设和管理存在薄弱环节，网络安全建设和监管体系仍有薄弱环节；有的高校落地机制软弱涣散，思想政治工作存在层层衰减现象；有个别制度落实力度欠缺，方案建设付诸实践和理想中尚有差距。

第三，对教师思想政治工作规律的认识和把握不够，工作针对性和吸引力不强。有个别教师不能很好做到教书育人、为人师表，师德师风建设有待加强，等等。在这些问题中，有的是长期存在的，有的是新形势下产生的问题，需要学校党委和各部门下大力气研究和解决。

第四，如今的高校网络育人是一个复杂的系统工程，长期而系统的工作要求多方面的协调，也需要创新元素的加入。全方位的网络育人体系与机制的建立，需要遵循思想政治工作规律，遵循教育规律、遵循学生成长规律，同时也要勇于创新，适应新时代学生成长需求。这就需要我们不仅要有责任担当的勇气，还要有谋划和实施落地的能力。因此，高校网络育人不可能一蹴而就，必须循序渐进。

三、网络育人，何以为之

第一，要构建完整的网络育人工作体系。从整体上，需要学校党委的统一领导和总体布局，通过高校的顶层设计，统筹安排各方面工作，避免各自为政的情况，从而形成科学有效的体系，共同发力。学校网络育人机制上要讲育人理念和目标与各领域工作互相结合、协调统一，最大程度地消除制约因素，使整体发挥出最佳效力。

第二，要确保网络育人机制的落地，即与实践相结合。学会灵活使用教育学和传播学上的研究成果与理论基础，也要将此运用到实践中。纸上得来终觉浅，切身躬身去做才能获得成绩，如何突破高校现有工作体制和机制短板和制约，需要更为系统、全面的理论指导和落地实践。

第三，调动教师和学生的主观能动性。利用高校中的这两大重要元素不仅要通过网络丰富和拓展学生的思想政治工作内容和空间，也应通过培训、实践对教师开展更深层次的教育提高，利用学生线下组织及教师团队发挥作用，构建师生共建、共享的育人体系。例如，高校记者团、视频组、新闻中心、新媒体联盟、教师学习小组、师生互动沙龙、网络知识培训课等。

第四，高校之间应保持良好的沟通关系和密切的合作关系。针对已开展的课题和工作进行探讨和研究、对未来的工作进行积极规划和沟通等保持密切的合作交流关系。线上的各高校团体可交流互动，线下可组织召开部分高校网络育人体系与机制建设的研讨会，这样有利于后续调研工作的顺利开展。

在构建好网络育人工作体系后，也要设计和完善网络育人的工作机制，其中包含以下几个方面。

第一，网络育人工作联动机制——线上、线下共同发展，既能“键对键”，也能“面对面”，要把传统的思想政治工作优势和网络技术结合起来。以往高校进行思想政治工作时，多选择依托线下活动。例如，线下培训、实践考核、课程学习等。这些工作实践基础扎实、经验丰富，师生间面对面的交流也更方便答疑解惑，理论和实践结合度更高，效果也会更好。但这些活动因自身的局限性和短效性，必然会受到空间和时间上的限制，效率不够高，难以形成连续、系统的育人工作。而网络技术本身存在便捷、高效的特点，时间、空间不受限制以及可操作性强和上手时间短，同时也符合当今学生的思维方式，更加容易引起学生的学习兴趣。

因此，将两者合二为一，将传统思想政治工作和网络技术相结合，扬长避短，避免短板效应，发挥最大程度的优势。例如，改变之前一对一的育人方式，在网络课堂上可形成一对多、多对一或多对多，充分利用教师资源和网络海量资源，构建更便捷、更实效的育人方式。不少高校开设网上培训课程，例如，中国农业大学开展的网络共享课程，最新一期邀请了中国第一历史档案馆副馆长——李国荣老师，为大家介绍故宫历史，带领学生走进康雍乾盛世的兴衰。同时，采用易班模式开展线下培训课程，内容包含摄影、历史、行测、写作等。学生可通过线上报名方式，获得入场名额，既利用网络优势开展了宣传，又避免了学生参加活动时座位不够的窘境，最终达到网络育人的目标，一举多得。另外，新兴的问答活动也活跃在高校网站上，这种方式利用新媒体将育人内容广泛传播在学生之间，打破了固有模式，发挥出网络的优势，从而取得不错的成效。

第二，网络育人工作联动机制——注重师生双方的协同合作，实现校际资源共享，促进师生、高校共同进步、互助交流。从狭义概念来讲，网络育人培养机制内主要因素为教师和学生，两者作为高校主题的重要组成元素，担任着教书育人和成长成才的作用。其中，教师作为高校内育人机制的重要力量，其在网络育人体系内发挥的指导作用和引领作用更为凸显：一方面要认识到网络的重要性，充分利用网络上海量丰富的育人资源，将其运用在日常工作中，提高学生的网络素养和水平，要意识到堵不如疏，面对网络，应师夷长技以制夷，避免谈网色变；另一方面学生也应树立良好的网络观和学习意识，主动在网络上寻求知识及资源，而不是沉浸于网络游戏和网络视频中，应积极进行自我思想建设和文化建设，才能提高思想政治水平和理论实践能力，避免形成网络依赖。

从广义概念来说，网络育人涉及整体社会的各个层面、各个阶层，从整体入手营造良好的社会网络环境，杜绝黄、赌、毒信息的泛滥，抵制不良思潮的入侵，发挥传统文化和思想政治理论，是目前社会环境需要实现的目标。同时，网民也应树立正确的网络观和价值观，善用、精用、会用网络资源，发挥网络优势，而不是沉迷其中，为学生造成不良影响，从大环境入手，广泛开展网络育人教育刻不容缓。这就要求网络育人共建机制的落地实行，即高校间应加强联络，深化交流，互相交流育人工作中的经验教训，合力解决目前所遇到的问题和困境：①对内，共建机制可以有效帮助高校完成工作，取长补短，进一步优化自身育人机制，为学生成长提供更优质的网络空间和现实环境；②对外，高校间形成联合力量后，在社会层面影响力更大，受到的关注度更高，产生的积极效应也会更明显，从而帮助社会网络风气的改善，进一步推动社会层面上网络育人机制的进步和完善。

第三，网络育人工作创新机制——发挥主观能动性，把创新作为网络育人工作的生命线。一是制度创新：由之前单一的网络育人制度发展为全方位、系统化育人制度；由线上为主的网络育人制度发展为线上、线下双同步的育人制度；由单兵高校作战的网络育人制度发展为高校联盟的育人制度等。制度上的创新可以从根本上改变机制的运行方式，提高工作效率，达到事半功倍的效果。网络育人的制度也应与时俱进、不断更新，在实事求是的基础上，发挥出高校的主观能动性，更好地为育人目标服务。二是传播手段和途径创新：依托新技术，研发新产品，不仅要通过传统模式开展宣传，也应利用新形势下媒体的优势，进行创新。例如，线上网址开发、App研发、网络课堂、易班课程的推广、手机校园App的使用、微信小程序的研发等。三是组织模式创新：积极创造新的组织模式，带动学生积极性，更新网络育人体系。同时，在推陈出新的时候，也应全面考虑多方的影响，做好准备工作，以备不时之需。

在理论层面上，搭建好体系和机制后，下一步便要探索实践的切实路径。在网络育人实践中，我们要多层次、有轻重地安排工作。

第一，要完善机构设置和职能。为更好地坚持和加强党的全面领导，时刻做好适应改革发展、面对新形势的准备，敢于满足改革发展的新要求，敢于创造科学管理的新环境，从而更好地完成新时代交付给我们的任务。一方面，要统筹学校网络育人体系的建设，进一步推进校园育人体系的完善和改进；另一方面，要统筹各机构的职能，发挥各部门的作用，形成影响闭环，营造网络育人的“中央厨房”，传递重要信息，推进网络育人各个环节的有效运转。高校党委宣传部作为负责学校宣传思想文化和意识形态管理工作的中间基地，更是要起到中流砥柱的作用。凡事预则立，一套完备的制度体系不仅为网络育人工作提供了基础保障，也提供了未来可持续发展的有效助力。

第二，要统筹推进网络文化建设发展。国家和社会发展迈入新时代，学校的网络文化也在与时俱进地发展和更新。高校网络文化建设与管理以创新内容为重点，以筑牢阵地为抓手，以建强队伍为基础，以完善机制为保障，弘扬主旋律，激发正能量，大力培育和践行社会主义核心价值观，把握好网上舆论引导的时、度、效，为推动学校事业发展和中国梦的实现提供思想保证和舆论支持。

在此总方针下，一是要牢牢把握正确的舆论导向，健全舆论引导机制，传播正能量，加强网络育人；二是要加强线上的思想文化阵地的建设，实施网络内容的建设工程，发展积极向上的网络文化，净化网络环境；三是要推动校园传统媒体和新兴媒体融合发展，加快媒体数字化建设，打造一批校园媒体品牌；四是要优化媒体结构，建立校园和媒体协同的联动机制，规范传播秩序，形成传播合力；五是要加强传播能力建设，创新传播方式，提升传播效果，讲好师生故事，传播好学校声音。此外，还应推进网络舆情工作室的建设，完善工作机制、组建工作队伍，持续探索网络监测有效的技术手段。在队伍建设方面，网络育人工作需要一批高质量的骨干团队，一是要建立校院二级联动，发挥专职人员的基础性作用，重点引导和支持专家学者、教学名师、优秀导师参与网络文化建设；二是要健全学校网络监管队伍，完善专兼职结合、师生广泛参与的网络信息报送队伍；三是要培育学校网络评论队伍，从思想政治工作的骨干、专家学者、优秀学生、先进典型中选拔人员组建各个层级的网络评论员队伍，提升网络育人队伍的科学化、专业化水平。

第三，要以新媒体联盟建设来推动校园各新媒体平台的规范运行。在网络技术发展日新月异的新环境下，微博、微信等新媒体的发展已经成为高校网络育人的重要一环。越来越多的高校选择这一新媒体方式打造校园形象，对外传播校园精神，因此，如何科学、规范、人性地管理新媒体平台已成为高校网络育人考虑的必要因素。同时，新媒体的及时性、开放性、不稳定性也增加了管理难度，容易出现公共危机事件。为了更好地管理新媒体平台，发挥其在网络育人中的作用，通过成立新媒体联盟，建立媒体矩阵，进一步规范全校新媒体平台的建设管理。以实现紧紧围绕学校的中心工作，全面、准确、主动、及时地利用新媒体对外发布信息，及时介绍学校重大工作的执行情况和取得的成效；针对舆情动向，及时发布权威信息，解疑释惑，消除不实或歪曲报道的影响，形成学校工作的良好社会氛围和舆论环境，引导师生在网络育人的影响下更好地工作和学习。

第四，要注意提升新闻舆论工作的传播力和影响力。要坚持党管宣传、党管媒体，推动传统媒体与新媒体融合，创新校园各媒体的协同联动机制。强化制度建设，进一步规范新闻校园新闻采编和发布制度，明确网络新闻宣传工作的运行机制，制定和完善日常报道业务规程，落实采、编、校责任，同时与校外媒体积极沟通，及时了解和掌握师生思想动态，完善多渠道舆情收集、分析、研判和应对机制，加强信息通报，做到在网络意识形态中工作责任的明晰化、明朗化。完善新闻发布机制，在做大、做强正面宣传的同时，建立和健全突发舆情的处置机制，使得应对突发、敏感事件的宣传报道有条例可依，从而为更好地建设校园的安定团结和学校的改革发展服务。

实现网络育人的大工程不仅需要理论体系的搭建，更需要脚踏实地地实践与推进。这意味着我们要发动多层次、多方面的力量，扬长避短，利用好网络这一“快车道”，实现高校思想政治工作的高速发展，将理论付诸实践，将梦想变成现实，从而在根本上实现立德树人这个重要任务，促进每个学生的健康成长和全面发展，培养出新时代中国特色社会主义的建设者和接班人。

新时代高校心理育人工作的机制与路径

■ 李洪栋　史舟花　钟姝　陆昱蓉

摘要：心理育人是高校“十大育人”体系的重要内容，在一定意义上决定了高校育人工作的成败。本文从分析高校心理育人工作的历史与特点出发，探讨了目前高校心理育人的困境和机遇。在此基础上，明确了高校心理育人工作的目标、原则和形式，提出了构建高校心理育人工作的合力机制。

关键词：高校；心理育人；立德树人

党的十九大报告把“不断促进人的全面发展”这一论断列入新时代中国特色社会主义思想的重要内容。习近平总书记在党的十九大报告中强调，必须坚持人民主体地位，必须坚持以人民为中心的发展思想，指出要“不断促进人的全面发展”，这是对马克思主义“人的全面发展”理论的继承和发展，也蕴含着宝贵的人类文明价值，是马克思主义中国化的一个成果。

心理发展是人的全面发展的重要组成部分。心理素质作为人的整体素质的组成部分，其重要性随着人类社会发展速度的不断加快而日渐凸显。高校的育人工作从本质上来说，就是不断发现“人的价值”，发挥“人的潜能”，促进“人的全面发展”。2017 年，教育部发布的《高校思想政治工作质量提升工程实施纲要》中首次提出，要切实构建“十大育人”体系，心理育人是高校“十大育人”体系之一。

一、高校心理育人工作的历史回溯与特点分析

心理健康教育从萌芽至蓬勃发展，已在我国经历了数千年，但直到心理学鼻祖王国维先生提出“心育”概念，才开始受到学界关注。20 世纪初，王国维在《论教育之宗旨》一文中指出，要实现培养完全之人物的教育宗旨，需要通过体育发展人的“身体之能力”，通过心育发展人的“精神之能力”。1917 年，中国第一个心理学实

验室在北京大学设立。同年，北京大学哲学系开设心理学课程。1918 年，我国历史上第一本心理学教学用书《心理学大纲》（陈大齐）出版。1933 年，第一本研究青年心理问题的专著《青年期心理》（沈履）出版。1936 年，中国心理卫生协会在南京成立。但自此之后，由于战争爆发，心理健康教育事业的发展一度停滞。直到 20 世纪 80 年代中期，学校的心理健康教育才在我国高校兴起。1985 年 6 月，我国首家心理测量与咨询服务中心开设在北京师范大学，这标志着高校心理健康教育工作的开始。从此，心理健康教育由一开始给个别大学生的紧急援助，慢慢扩展成覆盖中小学所有普通学生的咨询服务。

进入 20 世纪 90 年代，心理健康教育逐渐受到了全社会的关注。国家先后颁布了《关于进一步加强和改进学校德育工作的若干意见》《中国普通高等学校德育大纲（试行）》《中共中央国务院关于深化教育改革全面推进素质教育的决定》等纲领性文件，统一了"心理健康教育"的规范称呼，明确了其具体内容，我国高校的心理健康教育事业得到了快速普及。

21 世纪初，我国大学生心理健康工作的开展进入白热化阶段。在教育部颁布的《关于加强普通高等学校大学生心理健康教育工作的意见》《普通高等学校大学生心理健康教育工作实施纲要（试行）》等文件的指导下，全国高校开始建立专门的心理健康教育机构，设立心理咨询室。2005 年，《关于进一步加强和改进大学生心理健康教育的意见》的颁布，加快了对高校心理健康教育教师的培训。2011 年，《普通高等学校学生心理健康教育工作基本建设标准（试行）》规定了高校心理健康教育软件和硬件条件标准，各高校的教育条件大大改善。

进入 21 世纪以来，党和国家高度重视国民心理健康工作。习近平总书记在 2016 年全国卫生与健康大会上强调，要加大心理健康问题基础性研究，做好心理健康知识和心理疾病科普工作，规范发展心理治疗、心理咨询等心理健康服务。随后，高校心理育人工作被摆上更加重要位置。2016 年 12 月党中央召开全国高校思想政治工作会议，习近平总书记在讲话中明确提出把"心理咨询教师"纳入高校思想政治工作队伍。2017 年 12 月，教育部颁布《高校思想政治工作质量提升工程实施纲要》，明确把心理育人纳入高校思想政治工作"十大育人"体系，将"大力促进心理育人"作为"十大育人"的重要实施内容、载体、路径和方法。2018 年 7 月，教育部党组颁布了《高等学校学生心理健康教育指导纲要》，从立德树人和培养社会主义建设者和接班人角度，就新时代高校心理育人的指导思想、总体目标、基本原则、主要任务、工作保障、组织实施等进行详细规定，为下一步工作指明了方向。

回溯高校心理育人的发展历程，可以发现高校心理育人具有以下特点：高校心理育人工作是以马克思主义哲学方法论为指导，以心理学教育方法理论为基础，围绕思想政治教育方法论展开，本质上就是综合运用心理学和教育学的手段和方法，促进大学生良好心理素质的养成，帮助形成健全人格的同时，提高其心理调适能力。

高校心理育人的功能主要体现在两方面：一方面，高校心理育人能促进人格的和谐发展。通过高校心理育人，能让人的个性与共性和谐发展，理性与感性和谐发展，让人具有人的特质；另一方面，高校心理育人能促进人的潜能发展。辅以心理教育的专业知识和方法，可以增长人的精神财富。为了实现上述功能，高校心理育人必须把握好三点要求：首先，要帮助大学生解决在学习、生活、成长中发生的困惑，通过组织开展心理健康教育的活动，来提高学生对心理健康的关注度；其次，要塑造大学生较强的心理素质，帮助学生提高情绪调节的能力、增强自己适应新环境的能力、提升自己面对挫折及压力的能力、学会建立和谐人际关系等为主，使每位学生都能良好地投身于校园学习与生活；最后，要全方位地开发大学生的心理潜能，以此促进大学生认知能力、情绪控制能力、人格的健全等全面发展。

二、高校心理育人的困境和机遇

目前，我国的高校心理健康教育正在蓬勃发展。高校不仅开展了大学生心理测量，建立了大学生心理档案，同时运用多媒体来拓宽心理健康教育的途径。心理健康知识讲座也在高校普及起来，心理健康教育实践活动日益增多，心理情景剧、心理健康辩论赛、心理咨询体验等在高校如火如荼地开展起来。

（一）高校心理育人工作面临的困境

高校心理育人工作还存在不少问题：缺少本土化色彩；重矫治，轻发展；重理论，轻实践；目标人群依旧限定为具有心理障碍、心理问题或心理疾病的“非正常人群”。这些都制约着我国心理育人事业的发展。

1.体制机制不健全

大部分高校均已设置心理中心，但人员配备不齐。部分领导重视程度不高，心理工作由其他人员兼任;心理工作主要由辅导员、院系人员兼任,未形成全校联动,校、院二级的心理工作机制。

2.队伍的专业化素质有待进一步提高

部分高校未能按照教育部心理专职人员与学生的人数比,配齐专业人员,部分高校对队伍的专业化发展支持力度不够,培训、督导时间经费不足,专业人员缺乏上升途径,发展狭窄。

3.重心理隐患,轻心理素质的提升

部分高校重心放在防范极端事件的发生,忽视创建良好的校园环境,促进全体学生心理素质能力的提升。从主要关注“问题学生”、心理疾病、心理障碍、防患极端事件发生的视角转化到更注重挖掘学生的潜能,这都需要整个育人体系和育人工作者观念的巨大转变。

4.课程教学普及程度不够,重理论轻实践

部分高校未开设心理素质教育相关课程或按规定设为必修课,多数高校缺乏对心理素质教育课程体系的整体思考,部分课程设计重理论轻实践,忽视学生心理素质能力的提升。

(二)高校心理育人工作面临的机遇

新时代的大学生表现出自主性强、注重个人兴趣和个性张扬、追求平等、不惧权威等鲜明特点。如何紧跟时代变化,紧贴服务对象,提供有针对性的服务值得思索。同时,新媒体已成为学生的主要交流活动媒介,如何把握新媒体优势,占领新媒体的高地,构建出全方位、立体化、零距离的网络心理育人空间,需不断开拓学习。2016 年 12 月 30 日,国家卫生计生委与中宣部、国家发改委等共 22 个部委联合发文,出台了《关于加强心理健康服务的指导意见》,预示着高校心理育人的春天已经来到。

三、高校心理育人工作的目标、原则和形式

(一)高校心理育人的目标

高校心理育人的总体目标是通过心理健康教育工作的开展,不断提高学生的心理健康意识和心理健康素质,培育学生自尊自信、理性平和、积极向上的健康心

态和心理品质，健全学生的人格发展，开发学生各项潜能，促进学生心理健康素质与思想道德素质、科学文化素质和身体素质的协调发展。高校心理育人的具体目标为以下几点。

①统一认识、统筹布局。高校内部上下联动、同频共振、齐抓共管，形成全员、全过程、全方位心理育人的工作理念和体制机制。

②优化内容、创新形式。积极构建教育教学、实践活动、咨询服务、预防干预、平台保障等多元立体化的心理育人工作格局。

③层层布防、不留盲点。充分发挥校内各群体各岗位的育人职能，建立学校、院系、班级、宿舍“四级”预警防控体系。

④合理配备、加强培训。建立一支以专职教师为骨干，专兼结合、相对稳定、素质较高的学生心理健康教育和心理咨询工作队伍，不断提升心理育人工作的专业化水平。

⑤教育前移、群体预防。从治疗模式向育人模式转移，从个体向群体转移，注重前期心理健康的宣传、教育和预防工作，不断扩大心理健康教育的覆盖面、受益面，增强学生的心理健康意识，提升学生的心理健康素质。

⑥重点关注、措施得当。不断提高常见精神障碍和心理行为问题的预防、识别、干预能力和水平。如果对学生心理健康问题，关注及时、措施得当、效果明显，心理疾病发生率就能明显下降。

（二）高校心理育人工作的原则

1. 坚持面向全体，突出因材施教的导向

高校心理育人工作应坚持面向学校的全体学生，而不仅仅是某些特殊的“问题学生”，要着眼于所有学生的心理需求、问题和健康来做长远考虑。但不同的学生由于年龄、年级、家庭背景、成长经历、个性品质以及所遇到的问题千差万别，则呈现出不一样的心理特点和问题。因此，也需要针对他们的不同特点，分层分类、因材施教、区别对待、对症下药，采取不同的教育教学方式和手段，从而达到心理健康教育的最大成效。

2. 坚持着眼发展的原则，强调预防为先导向

心理健康教育包括预防矫治的初级功能和发展性的高级功能，即预防矫治各

种心理问题和充分发挥心理潜能达到最佳的心理状态。首先是高校心理育人要实现初级功能，也就是强调预防为先，防患于未然，最大限度地预防和减少严重的心理危机个案的发生。其次是实现心理育人的高级功能，也就是提高广大学生的心理健康素质，开发潜能，培养德、智、体、美全面发展的社会主义建设者和接班人，这也是高校学生思想政治教育工作的着眼点和目标。

3. 坚持全员育人，注重学生主体导向

高校心理育人工作是一项系统工程，需要高校各级辅导员、班主任、任课教师、心理教师和其他教职员工的共同努力。然而，心理育人工作归根结底也是一项助人自助的工作，需要更加尊重和发挥学生在其中的主体地位，充分调动他们自我心理发展的主动性和积极性，在自我学习、自我教育和互帮互助中获得最终的发展和提高。例如，学生自主设立的心理健康教育方面的社团，开展的朋辈互动等活动。

4. 坚持遵循规律，强化协同发展导向

高校心理育人工作是一门科学，有其自身的独特性，要遵循学生身心发展的规律和心理健康教育的规律。同时，它也是高校学生思想政治教育工作的一个重要组成部分，是学校整体育人工作的一个环节。因此，也要与其他思想教育和教育教学工作紧密联系、互相渗透、协同发展、增强合力，以求取得协调、同步和互补的更大功效。例如，与新生入学教育、军训工作以及教学工作等相结合。

(三)高校心理育人工作的形式

高校心理育人工作应充分结合高校的教育教学活动，遵循教育教学活动和人的成长成才、心理发展的特点和规律，在优化和整合内容的基础上，创造性地采取多种多样的形式进行。

1. 与课程教学相结合，加强心理健康教育的知识普及

课程教学应成为高校心理育人的主渠道。根据不同年级和不同层次的学生特点，建立和完善相应的课程规划和体系，组织专人编写教材，撰写教学大纲，科学设置和规范教学内容，实现心理健康教育在本科生和研究生层面的全覆盖；创新教育教学手段和方法，通过线上线下、案例教学、混合式教学等，激发学生的学习兴趣，提升教育教学实效。例如，北京科技大学自主开发的心理健康“慕课”课程就是一次有益的创新和探索。

2. 与校园文化和课外实践相结合,提升心理健康教育的吸引力和感染力

高校心理育人应通过与校园文化和课外实践活动的结合。举办大学生心理健康节、心理知识竞赛、心理情景剧大赛等多种多样的活动;在传统媒体的基础上,积极拓展微博、微信等网络新平台;支持学生自发成立心理健康教育和自助互助的相关社团,定期开展各类心理健康教育活动等。通过这些结合,积极宣传和营造良好互动的心理育人氛围,不断提升心理健康教育的吸引力和感染力。

3. 与专业咨询相结合,增强心理健康教育的防治功能

高校心理咨询是有效防治学生心理问题的途径之一,也是心理健康教育必不可少的一环。积极争取和利用校内外各种资源,打破高校普遍存在的重本科生而轻研究生心理工作的传统,合理化配备高校心理咨询的各类硬件和软件,健全值班、预约、转介、重点反馈、危机处理等制度和流程,畅通校院二级管理机制,并与校医院、精神卫生专科医院建立联动和转介机制等,为广大学生提供经常、及时、有效的心理健康指导与咨询服务。

4. 与全员育人相结合,构筑心理健康教育"无死角"防控体系

高校要在学生入学之初,通过心理普查等方式,专门建立每个学生的心理档案,并加大对经济困难、学习困难、就业困难等重点群体学生的持续关注,充分发挥各级辅导员、班主任、任课教师、心理老师和其他教职员工这些不同群体和不同岗位工作人员的全员、全过程育人职能,并建立和健全学校、院系、班级、宿舍"四级"预警防控体系,层层布防、不留死角,以做到危机早发现、早干预和早控制,切实保障学生的心理健康和生命安全。

5. 与学校管理相结合,加大心理健康教育的平台保障

高校心理育人工作应有足够的平台保障。学校领导高度重视,将心理育人工作纳入学校改革发展整体方案,在经费统筹、人才引进和管理考核中给予大力支持和辅助:积极落实心理健康教育专项工作经费,配备必要的办公场地和设备;建立一支以专职教师为骨干,专兼结合、相对稳定、素质较高的学生心理健康教育和心理咨询工作队伍,并加大常态化业务学习和培训;落实各项政策保障、职务(职称)评聘工作等考核激励机制。

四、构建高校心理育人工作的合力机制

高校心理育人是一项复杂的系统性工程，需要高校、家庭、社会各方面积极参与和共同发力，整合与配置各种资源，综合运用多种手段，最终形成合力育人的工作机制，才能实现心理育人的功能和目标。

（一）高校心理育人工作的协同机制

高校心理育人不仅仅是学生思想政治工作部门的职责，高校各个管理部门、全体教职员工都具有育人职责，都应该围绕立德树人的根本任务积极参与心理育人工作。

第一，推进高校内部各教育主体之间的协同。高校各个管理部门、全体教职员工共同构成了高校内部的教育子系统和教育要素，必须通过协同机制形成有序结构和良性互动，共同推进高校心理育人工作的有效开展与实施。学生思想政治教育工作系统在心理育人工作方面处于中心地位，担负首要职责，教学、科研、管理、服务等各系统同样担负重要的育人职责，必须按照高校心理育人工作的总体目标，与学生思想政治工作系统步调一致，做好策应和支撑，形成同频共振的育人效应。

高校可以尝试建立心理育人责任清单，明确各部门、各单位的心理育人职责，在教职员工职务晋升、职称聘任、学习进修和薪资待遇等方面充分考虑参与“心理育人”工作的程度和效果，形成主次有别、责任明晰、全员参与、全程协同的工作格局。

第二，推进高校与家庭、社会之间的协同。学生产生心理问题，源头往往不在高校，家庭和社会对学生心理的影响在很大程度上更为突出。高校应当与家庭教和社会形成更加紧密的互动关系，通过运动现代信息技术手段、辅导员班主任“家访”活动等形式与家长建立稳定联系，运用自身科研优势、教育资源优势为家长进行家庭心理育人提供帮助和指导。同时，通过与社区、社会团体、公益组织等加强合作，建设一批社会实践基地、心理体验基地等，让学生走进社会、深入基层，从社会大环境中汲取营养，加强大学生对社会责任的认识和担当，实现心理育人向社会的有效延伸，依托社会力量，提升心理育人的效果。

（二）高校心理育人工作的保障机制

首先，完善心理育人专业队伍建设。一是加强心理健康教育专业队伍的培养，

按照上级要求足额配备到位，经常性开展业务知识培训，提高专业队伍的素养。二是加强兼职心理咨询师队伍的建设，规范兼职心理咨询师的选拔、督导、管理和薪酬奖励制度。三是不断健全“宿舍长—班级心理委员—学院心理部—学校朋辈咨询员”四级学生队伍，完善心理委员模式的朋辈互助长效机制。

其次，加强心理育人工作平台建设。一是完善心理育人课程体系，加强“大学生心理健康”必修课程的建设，以必修课为龙头，健全必修课、选修课、培训课和日常心理讲座和教育活动等“三位一体”的教育教学体系，提升课程质量和效果。二是完善心理咨询服务体系，建设音乐放松减压室、身心反馈训练室、心理宣泄室等具有各种心理功能的心理咨询、辅导场所，配齐配强咨询服务人员，提高心理咨询服务质量。三是积极开展心理育人系列实践活动，组织学生参加与心理健康教育相关的社会实践，引导学生将所学的心理知识运用在社会实践中，提高学生的心理调节能力。四是完善心理危机预防与干预体系，采取有效的措施更科学、规范地指导学院进行心理危机排查，落实对心理危机学生的预防、评估与干预工作，尽早发现、及时干预，有效预防严重心理疾病和心理危机事件的发生。

最后，实施精准帮扶，既解决思想问题又解决实际问题，将学生心理问题消灭在萌芽。通过开展心理普查，对学生基本心理情况进行总体把握，并针对在测试中显示心理健康状况不良的学生，通过与咨询师进一步交谈给予鉴别和筛选，给予其有针对性地帮助。建立心理危机月排查制度，与心理普查结果结合，形成心理危机学生档案，针对不同学生的不同情况给予精准帮扶和引导。根据大学生产生心理问题的四类主要原因——学业困难、身心困难、经济困难、就业困难，制订与之对应的应对方案，有针对性地开展工作，缓解学生的困难和压力。

(三)高校心理育人工作的评价机制

习近平总书记曾说道:“鞋子合不合脚，自己穿着才知道”。高校“心理育人”工作成效如何，学生最有发言权。过去很长一段时间，学生的角色只是育人工作的客体和对象，学生的主体地位被忽视，学校对学生的主动性、创造性尊重不够，有时工作方式方法欠妥，甚至导致学生出现了逆反心理和对抗情绪。因此，要转变思路，不断扭转将学生视为“受众”的想法，将学生视为工作的“参与者与合作者”，充分发挥他们的能动性、自觉性和创造性，充分尊重学生的知情权、参与权、建议权和监督权，在政策制定、工作实施和效果评估的各个阶段，认真倾听学生的意见和建议，建立科学完备的考核与评价机制，有效推动育人工作顺利开展，增强心理育人各方参与者的积极性与责任感，以获得更高的育人工作效率。心理育人评价机制应贯穿整个教育实施过程。

首先，完善“心理育人”工作的四维考评制度，即“心理育人”的定位和工作目标对人才培养的适应度、队伍和软硬件资源对“心理育人”质量的保障度、“心理育人”协同工作体系运行的有效度、学生和家长对学校“心理育人”的满意度。

其次，完善“心理育人”教育活动的评价方式，鼓励学生参与考评，通过自媒体平台投票等方式让学生进行评价，了解学生对各项工作的真实感受和评价，调查结果作为改进工作的基础，同时作为绩效考评的指标。

最后，注重跟踪考评学生心理素质的提升情况，通过开展阶段性心理测试，与新生入学阶段的心理普测结果进行对比分析，结合四维考评结果和学生评价情况对心理育人效果进行评价。

关于新时代加强高校管理育人工作的浅议

■ 张远帆　付国强

摘要：认真学习和领会习近平新时代中国特色社会主义思想和习近平关于教育的重要论述，落实立德树人的根本任务，努力做到“人人事事时时处处皆育人”。本文重点阐述了高校管理育人的内涵和意义，并结合目前存在的问题，提出了加强高校管理育人工作的主要措施。其主要包括：构建良好的管理育人工作体系、打造多样化管理育人平台、建设育人为本的校园文化和加强管理队伍建设等4个方面。

关键词：新时代；高校；管理育人

“教育兴则国家兴，教育强则国家强。”党的十八大以来，以习近平同志为核心的党中央高度重视教育问题。习近平总书记在不同场合多次强调发展教育的重要意义，为教育强国的建设指明了方向。高等教育是一个国家发展水平和发展潜力的重要标志。而教育要始终把“培养社会主义建设者和接班人”作为根本任务，把立德树人成效作为检验学校一切工作的根本标准，要始终围绕人才培养这个中心，开展全员、全过程、全方位育人，切实构建“十大育人”体系。其中，高校管理育人不可或缺，并发挥着重要作用。

一、高校管理育人的内涵和意义

（一）高校管理工作与管理育人的内涵

高校的基本职能是人才培养、科学研究、社会服务、文化传承创新和国际交流合作。人才培养是高校的根本任务，高校管理工作以育人为中心。因此，高校育人必须服从于和服务于培养人和发展人的教育目的，通过各项管理活动、管理行为，产生育人作用和效果。高校管理工作内容多样复杂，涉及方方面面。其主要包括：①高校管理规章制度体系的建设；②高校管理干部队伍的建设；③高校教师队伍的建设和服务;④高校支撑保障体系的建设等。高校管理在育人工作中呈现出专业性、多样性和间接性等特点,必须依靠科学、有效的管理模式,才能在高校人才培养过程中发挥出管理育人的作用。

管理育人是学校管理者(管理部门及其人员)在制定、执行规章制度,开展管理活动的过程中,对被管理者(包括学生、教师、管理者本身和其他辅助人员,下同)在政治素质、思想观念和道德品质等方面施加影响,使之趋向于学校德育目标的过程。学校管理在本质上是“育人的管理”,从育人的目标出发,实施科学管理是学校管理的根本特点。学校管理的职能就是动员和组织全体教职员工行动起来,把规范管理的严格要求和春风化雨、润物无声的教育方式结合起来,把单个人的力量组织起来,加强教育规章制度的建设、群体公约体系的建设、各类管理人员能力的建设,创造治理有方、管理到位、风清气正的育人环境,发挥出整体的育人功能。

实现管理育人、做好管理育人体系的构建,推进和加快现代大学制度的建设,增强管理效能、提高人才培养质量,这样才能提供更为高效、更深得人心的教学科研和社会服务,才有可能加快世界一流大学建设的步伐。

(二)高校管理育人的重要性

如果把育人工作统称为育人系统,管理育人是这个系统的总开关、调谐器。

1.管理育人能保证其他育人工作顺利开展

课程育人、科研育人、实践育人、文化育人、网络育人、心理育人、服务育人、资助育人、组织育人等方面都直接与管理育人相关,管理育人针对的不仅仅是学生,还包括教师、学校其他职工、管理人员以及教学部门、后勤部门、行政管理部门及党团组织等。管理者通过制定并严格执行各项管理规章制度,引导、协调、规范和约束被管理者的行为,以形成良好的教风、学风和管理者的作风,为各项育人工作的实施起到支撑、保障、促进和监督作用。

2.管理机制直接决定着这个系统的运行方式,管理制度的执行直接决定这个系统的运行状态与质量

管理机制是这个系统运行的方式,直接影响着系统的运行效率。管理制度是管理育人的依据,是师生员工必须遵守的行为准则,其执行情况直接决定着育人系统的运行质量。

3.管理者的素质、管理文化直接影响着被管理者的格局

管理者制定的办学目标、人才培养目标及实施途径直接影响着广大教师、管理与服务人员的言行，进而影响着学生的言行，并有可能对学生今后的发展产生影响。人们常说不同的学校培养出的人才不同，这与学校的文化与管理者的格局有着直接的关系。

由此可见，管理育人不仅是高校育人的重要组成部分，而且管理育人是高校建设发展的基础和动力，直接影响着整个育人工作的成效。高校只有在管理育人工作上取得实质性的进展，才能保障人才培养目标的实现。

二、高校管理育人工作中存在的问题

(一)认识与重视不够，存在重教学轻管理的现象

教书育人已经深入人心，但对管理育人的重要意义，还缺乏统一的认识，管理人员的育人意识尚且薄弱。管理育人是一个高校生存与发展的永恒主题，是高校各项工作的重要组成部分。在全员育人视角下，高校的全体教职员工均承担着育人工作的职责。一线教师是育人职能的主要承担者，但高校各职能机关的干部和管理人员在思想政治工作中同样发挥着重要作用。他们与学生都有着直接或间接的关系，各部门的管理理念、办事效率、工作作风如何，都会对学生产生深远的影响。

大多数管理人员认为自己不承担教学任务，不与学生直接接触或少有接触，认为这是思政课教师和辅导员的工作范畴，认为育人工作与己无关。因此，在与学生少有的交流或接触中，他们并没有十分在意自己的言行举止。有些工作的方式、方法呈现出较重的官僚作风，或态度不够和蔼热情，给正在构建思想观念的青年学生造成了不良影响，从而导致了管理与育人相分离的现象。学校顶层应该明确育人工作的任务与责任，在此基础上明确编制与分工。任务不明确，肯定没有效果，但任务过多、执行人员的执行能力差，则会影响育人效果。目前，在实际工作中，管理育人存在着任务重、任务杂、执行困难等问题。

(二)规章制度不能与时俱进，亟待修订和完善

经过长时期的建设与发展，各个高校已经建立了比较健全的规章制度，有效地

保障了学校运转。但是，随着我国社会经济的发展，特别是随着党和国家对高校育人要求的不断提高，高校的管理制度需要不断创新、不断完善。

依法、依规治校是高校实现管理育人的基本保障。深受传统观念影响，高校办学还没有真正解决"重智育轻德育、重学术轻思想政治工作、重科研轻课堂教学"的倾向。因此，高校制定的各项规章制度，还不能完全体现在立德树人的根本任务上。随着高校的发展进步，新事物、新情况如雨后春笋般不断涌现，建章立制，修改完善"老办法"迫在眉睫，但法规制度不能朝令夕改。因此，不仅要实现"查漏补缺""防患未然"，还要做好科学的预测和判断，总结经验，提前做好规划和布局，想人之所想，急人之所急，才能使依法治校实现公平、公正、顺乎人情，才能进一步实现管理育人的目的。

（三）管理人员素质有待提升

不少管理人员"半路出家"，缺乏专业管理的知识和经验。目前，许多高校的校领导或院系领导多是学术牛人，拥有闪耀的人才称号和头衔，科研能力非常强。但现实表明，专业学术能力强的领导未必擅长管理，有个别人的领导理念往往还存在偏差，管理人员素质参差不齐。在管理干部的培养上，存在"重使用、轻培养"的问题，造成很多管理人员在工作中凭个人的经验办事，管理水平不高，管理育人的作用发挥不够。此外，高校对管理队伍的建设和培养投入不足，对基层管理重视不够。随着办学规模的增加，高校多实行校、院二级管理模式。但对于学院一级的管理，各个高校的重视程度不同。

近几年来，随着管理育人的要求越来越高，各个部门的任务与责任越来越重。相应地，学院的工作任务也越来越多、越来越细。目前，学院的管理编制还是若干年前的编制，以前很多事情不需要学院管，学院也没有相应的编制，造成学院人手紧张，执行效果难以保证。简而言之，认为管理工作没有技术含量，这不仅影响了管理人员工作的积极性和上进心，而且潜在地影响着全校的行政工作氛围，对学生的德育建设和成长也没有好处。管理人员的学习和系统培训机会甚少，现有的管理人员难以满足广大师生日益增长的管理水平和质量的需要。

（四）教师育人自觉性不强

教师育人观念不强，重书本知识，或有些教师能够意识到育人的重要性，但还不能将“育人”做到实处，不会将社会主义核心价值观念融入教学，而这种情况又难以简单地通过制度条款来约束或惩戒教师。教师应为人师表，我们在看到他们发挥积极作用的同时，也应该通过有效的管理和制度来规范和约束教师育人观念的积极健康发展。教师在把社会主义核心价值观融入教学科研工作之前，应自觉践行核心价值观的深刻内涵，以身作则，在传道授业过程中，让学生自然体会。

（五）评价机制仍需健全，管理育人环境有待改善

高校考评指标主要考评科研业绩，对育人工作缺乏考核，引导不够。一些高校一味地重视学校硬件条件的建设，重视人才的引进。但对管理工作这一重要的软件建设的重视程度不够，忽略了优化管理、创造良好的育人环境对育人工作的作用。这些弊端将不利于良好的育人氛围的形成和育人目标的实现。

高校评价体系不够健全，重科研、轻教学的现象仍然存在，高校的教师评价和职称评定中，教学评价仅仅是参考指标或基本要求，而科研却成了绝对的衡量标准，进而导致众多教师在“达标”之后，便全身心地投入到科研工作中，使育人成效无法与教师切身利益紧密相关。然而科研能力一般的教师，即使学生再喜欢，授课育人效果再好，在职称晋升或竞争时，依然会被淘汰，造成现实的打击。久而久之，便形成了科研大于教学的不良环境，当教学与科研发生冲突时，总是教学让位于科研，这样就很难真正做到教书育人。

加强教师的师德师风建设，严格执行师德“一票否决”制是目前许多高校建立的“高压线”。但师德师风的考核或考察无法具体和量化。触犯党纪国法、违反校规校纪的教师未必与良好的师德百分百不挂钩，遵纪守法者也未必能以德服人，两者不能统一，也并不是完全独立。有被师德“否决”经历的教师到底是被允许有“改过自新”的机会，还是终身与某些机会无缘？教师的管理评价机制是一个复杂的工程，建立一套可操作的办法并非易事，还需要综合考量。在建立和健全师德师风考核评价机制之后，如何保障监督和实施也值得思考。

三、加强高校管理育人的工作举措

（一）构建良好的管理育人工作体系

高校以育人为管理工作的基本出发点，通过各项管理活动，利用各类管理资

源，提高学生的政治素养和思想道德品质，将学生培养成社会主义的建设者和接班人。管理育人是“全员参与”的育德过程，应该建立起“全员参与”的育人长效机制，而构建良好的管理育人工作体系是做好高校管理育人的重要抓手和关键所在。

1. 坚持将思想建设放在首位

“办好中国的事情，关键在党”，用新时代中国特色社会主义思想铸魂育人，贯彻党的教育方针落实立德树人根本任务，将党的先进育人理念深入人心，找准育人体系的领路人。管理育人工作应从顶层设计，全员行动。在学校层面，管理育人可以依托思想政治理论课教师和辅导员的力量，组建校级宣讲团，提高思想认识，形成全面共识和合力，将育人理念纳入全校的重点工作之中，并及时把握党的执政理念和教育方针，针对领导层、机关部门、院系场站的管理人员进行纵向讲解，针对教师、教辅、学生，进行横向讲解国家的育人理念“纵横结合，注重实际”，将理论与实际工作进行剖析、结合，使目标人群时刻与党和国家的命运联系在一起，增强爱国情怀，自觉培育和践行社会主义核心价值观。此外，宣讲团要不断学习和钻研，保持进步，找准自身定位，做好管理育人体系的领路人。

2. 坚持立德树人的根本任务

当好学生心中的好老师，要按照习近平总书记的要求，做到“政治要强、情怀要深、思维要新、视野要广、自律要严、人格要正”。好老师并不是一味地传授书本知识，盲目地迎合学生的人，而应该是那些充分尊重课堂秩序、尊重学生，并具有良好的道德和价值观念、较高的品德修养，做到言传身教的人。

通过制度改革与创新，强调育人工作的全面性，第一课堂与第二课堂结合，并能在第一课堂中设计、穿插育人理念，通过多方渠道反馈课堂效果，与师德师风考察一并作为教学评价重要的参考指标，建立管理人员工作规范，提倡和鼓励管理人员以热情的态度、端庄的仪表、耐心细致地聆听和解答疑问，认真负责地对待来访和办事的每一位师生。对于言行举止不够文明、脸难看、事难办、态度差的管理人员，一经发现，严惩不贷。

3. 健全和完善管理育人制度，重视有效执行

规章制度是高校管理育人的依据，是大学生和教职员工必须遵守的行为准则。管理制度具有导向作用，能够体现学校的办学理念和基本风貌，也能促进教师和学

生明确工作和学习的目标、规则。无论是老师的教学科研规范，还是人事调配、晋升文件，或是后勤保障条款、学生的行为准则、学习手册、宿舍管理条例等，涉及全校人员切身利益，必须根据学校的实际制定管理办法，广泛征求意见，转换角度，处处体现人文关怀，让师生感到学校的关爱，校园氛围的公平、公正，校园环境的整洁、优雅。制度文件中还必须明确奖惩办法，不能仅对违反者处罚，还应对严格遵守执行者以恰当的方式鼓励、表彰。

当然，更重要的是要保障规章制度的有效执行，制度只有得到严格执行和普遍遵守，制度才能真正起到育人的作用。只要制度的制定、宣传与贯彻执行是适当的，就会形成一种制度规范的育人气氛，促进学生和教职工养成良好的行为习惯，建立良好的教学、生活秩序，形成良好的校风、学风，最终达到制度育人的效果。

(二)打造多样化管理育人平台

高校管理育人具有系统性、整体性、有序性、动态性和协调性等特点。在良好的管理育人工作体系中，为了搭建良好的育人平台，必须进一步健全校、院二级管理体制，必须具有清晰的育人职责，必须将每个平台的定位予以清晰明了，充分利用各类资源，以学生为中心，面向学生需求，改革管理方法，提供和搭建各类育人平台。

1.充分发挥学院管理育人主体作用

在高校中，各学院大多都是根据相同的学科、相近的专业进行划分，这样划分有利于学生的成长。另外，部分高校探索书院制等，鼓励学生交叉融合，突出兴趣和交流，也是人才培养的一种模式。无论哪种方式，院系是管理育人的主战场，充分发挥其潜能和积极性，根据学科、专业特性等搭建各具特色的育人平台，要进一步理清校、院二级体制的机制，明确责任。区分校、院二级管理育人平台的作用，建立校级领导联系学院制度，实行“管理育人问责制”。

院级管理育人应做到任务明确、责任明确、人员到位、落实到位，将育人理念贯穿党政工作始终。同时，突出党政同责，强调党建、思想政治与育人工作密不可分，这不仅是党委和党务工作者的责任，也是行政部门和全校教职员工的责任。院级管理人员要团结、依靠和尊重广大教职员工，在调动其积极性、增强其育人责任感上多做工作，营造良好的育人环境和条件，要努力培养教职员工的良好职业道德，使其爱岗敬业，热爱本职，尽职尽责、全心全意育人，并最终形成党委统一领导、党政齐抓共管、全员参与育人体系构建的全面格局。

2.推进“参与式”教学管理服务平台

教学管理是育人的关键环节，要善于对教学过程进行管理，要根据教育教学的总目标，针对教育对象的特点，把教学质量管理渗透到教学的全过程和各个实践环节，在教学内容、教学方法、教学组织上制订出促进学生对知识的掌握和思想道德素质提高的授课管理计划。

在教学管理过程中，根据需要让学生参加到组织的决策过程及各级管理工作中。例如，课程开设的决策过程、课程评价体系设置、课程效果和教学质量评估，教师教学状态和等，均可以邀请学生参与其中。当然，优质课程评选、优秀教师评比等活动，甚至完全可以请一定比例的学生评委。所有这些方式、方法既予以学生充分的信任，让他切实感受到自我利益与学校管理的有机融合，对自我产生激励，达到教育的效果，同时对教师提出更高要求，进一步促进教师重视教学，努力提高教育教学质量，不断提高自己的学识水平和专业技能，提高自己的思想道德素质和教育理论水平，认真履行育人职责，要热爱学生、关心和了解学生，教育引导学生健康成长成才。

3.以学生为中心，创新工作思路

在各类管理平台构建时，要始终牢记以学生的全面发展、终身学习和一辈子幸福为中心，紧密围绕“培养什么人、怎样培养人、为谁培养人”的问题，按照新时代教育工作“九个坚持”的要求，着力培养学生强大的自主学习能力、强大的思想力和强大的行动力，可以将各类资源进行整合，多途径对学生开展思想政治教育。例如，讲座、座谈会、微信、微博、网络邮箱以及各类定期讨论、工作室、沙龙等，只要是有利于学生成长的平台，均可以开展管理教育。例如，推行管理人员与专任教师双聘班主任制度，定期开展班主任培训和交流，让管理人员与学生进行直接接触，同时专任教师的补充又能有效补充专业知识的短板和对学生职业生涯规划的指导。

（三）建设育人为本的管理文化

扎根中国大地办教育，这是由我国的基本国情、政治制度、历史文化传统和教育规律决定的。高等学校是一种功能独特的文化机构，有其独特的校园文化。一般说来，高校管理文化是由管理人员以及相关制度来实现，管理人员自身的综合素质、行为举止对学生的影响较大。同时，高校管理制度作为管理文化的一种重要载体，对学生的行为举止提出了规范和约束。

因此，高校应当以育人为重点，构建优秀的管理文化，积极完善管理育人机制，对育人资源进行整合，从而全面推进管理育人工作的可持续发展。首先，注重营造以人为本的管理环境，将制度、管理人员和环境自身的育人作用充分发挥出来，才能够推动管理育人的有效开展；其次，要在校园内积极倡导和树立人文关怀的教育理念，将管理育人的理念作为高校管理工作的出发点与落脚点，对校园文化予以全面优化，不断提升校园文化的品味和内涵，创设校园育人环境。

（四）加强管理队伍建设，提升管理水平

高校正确的育人观需要从校领导、全体党政机关、所有学院的全部教师、行政管理人员、教辅人员的共同认可、支持并付诸实践。坚持管理育人要立足于建设一支政治业务素质好、办事效率高、工作作风过硬的管理队伍。

1.要把管理者的思想政治素质放在首位，强化职业道德建设

管理者要运用学校管理制度认真而严格地进行管理，切实保证教育教学制度贯彻执行。与此同时，管理人员要把党的教育方针、政策和学校的具体实际相结合，把新的管理思想、管理技术和管理方法灵活运用于管理工作中去。

2.树立严谨务实的工作作风，重视道德修养和业务素质的提高，要牢固树立“管理就是服务”的思想

我们要积极引导管理者深入实际，到基层去了解具体情况，熟悉被管理对象、学生等，了解规章制度的执行情况，及时帮助学生解决学习和生活中遇到的困难和问题，待人接物要热情周到，文明办公，全心全意为师生员工服务，营造良好的育人环境，处处严以律己，以正确的思想引导学生，以高尚的情操感染学生，以模范的行动带动学生，以出色的工作影响学生，将管理育人工作贯穿于言传身教中。

3.努力提升管理人员的育人幸福感、获得感

管理是手段，育人是目的。高校在对教育管理工作者进行选聘、培养、考核、激

励时，不能简单量化，而是要注重从理论素养、工作成效、廉洁自律纪律、综合素质、服务水平和能力等进行全方位的考察。因为管理的价值要通过有没有完成教育目标达到的育人效果而体现出来。高校管理人员应在管理育人的同时，完善自我，将个人发展与集体发展有效统一，以实现真正的职业幸福。

关于高校服务育人如何适应全方位育人建设指导要求的研究

■ 郭昱静　胡亚男　肖志刚　李蓉　马国玉

摘要：为了贯彻和落实党的教育方针，立德树人成为高校育人工作的根本任务。后勤服务和后勤部门作为高校高质量办学、教职工、学生日常生活正常运转的有力保障，服务育人的重要阵地，正逐渐在育人工作中发挥着重要作用。但现阶段，服务育人方面仍存在人员队伍建设力度不够、服务意识不强、信息化建设薄弱等问题。本文根据自身的实践结果，深入分析原因，探讨育人工作中应对困难、解决困难的方法，试图开辟多元化育人途径，构建科学、优质、顺畅的服务工作体系，使之更好地适应全方位育人的工作要求，在服务育人工作上实现新作为。

关键词：服务育人；人员队伍；环境建设；信息化

2016年12月，习近平总书记在全国高校思想政治工作会议上强调，高校要坚持把立德树人作为中心环节，把思想政治工作贯穿教育教学全过程，实现全程育人、全方位育人，努力开创我国高等教育事业发展新局面。服务师生、保障学校教育工作正常开展是后勤工作的核心任务。在育人工作中，后勤工作与教学工作、科研工作、管理工作相辅相成，同等重要。学生的衣、食、住、行、学等都与后勤服务有着密切的联系，后勤服务是服务育人的主体，是"没有讲台的课堂"，后勤员工是"不上讲台的教师"，每一位后勤员工的优质服务和言行举止都能从不同程度上对学生产生潜移默化的影响，起到榜样示范的作用。所以后勤是高校服务育人的重要阵地，服务育人是后勤部门不可忽视的一项职能，也是全方位育人的重要环节之一。

一、服务育人的内涵

服务育人的概念早在1950年中国教育工会第一次全国代表大会上就被提出，

会议上提出了教育工作的内涵,教育工作应该包括教书育人、管理育人和服务育人三个方面。1987 年发布的《中共中央关于改进和加强高等学校思想政治工作的决定》指出:“加强职工思想政治认识,树立为人民服务、为教学科研服务的思想,勤勤恳恳做好本职工作,做好服务育人工作,这也是高等学校思想政治工作的重要方面”。

服务育人是指在服务过程中,服务主体为服务对象提供优质的物质需求和富足的文化需求使其身心受到熏陶,服务主体通过优质的服务树立良好形象,形成风气良好的育人环境,服务对象在环境中受到隐性和显性的教育,引导其树立正确的世界观、人生观、价值观。

服务育人是通过“润物以无声”的方式让学生加深对课堂上传授思想政治理论的领会,从而使学生真正认同课堂上的理论并践行。这是对传统意义上的说教、授课等育人方式的重要补充。因此,服务育人的方式随着时代的变化正逐渐为众人所熟知、认同和推广。

随着时代的发展,高校的服务育人的内涵得到延伸,高校以立德树人的宗旨,通过增加育人途径、优化服务载体等手段,提高服务水平,创造良好育人环境,促进学生的德、智、体、美、劳全面发展,为社会主义建设培养优秀的人才。所以高校后勤在为学生提供良好的衣、食、住、行等服务的同时,还要积极将育人的思想理念嵌入其中,加强育人意识,转变服务理念和工作作风,重视规划、精心设计教育的各个环节,服务学生的同时,教育和帮助学生成长与成才。

二、服务育人存在的问题及成因

目前,高校后勤服务育人正逐渐在学校育人工作中发挥举足轻重的作用。作为育人工作的重要组成部分,高校后勤不断地在实践中摸索前行、开拓创新,力图采用各种有效的措施增强后勤服务育人的实效。但是现阶段的服务育人功能的发挥,仍面临着复杂的矛盾和多重困难。

(一)人员队伍建设方面

在发挥服务育人功能方面,虽然整体已经形成了较好的育人条件,取得了一定的效果,但是人员队伍在思想认识、服务水平等也存在很多问题。

1.育人意识不足，重服务轻育人

后勤社会化改革以来，后勤实体在从事服务工作的基本为自行聘用的合同制职工，且实体的运行多采用外包、合作等方式，如食堂、教学楼、宿舍楼的管理，工程维修，绿化保洁等。这就导致从事后勤服务的单位或个人思想认识和服务水平参差不齐。我们常说后勤员工是“不上讲台的老师”，但他们往往没有意识到自身还肩负着育人的职责，多数仅把自己当作一名普通的服务人员，认为做好服务就是尽到了应有的职责。

2.人员能力不足、水平较低

高校后勤员工队伍老龄化现象严重，员工文化水平普遍偏低，对新事物、新观点接受能力相对较弱，缺乏与学生进行交流教育的能力。可以说后勤员工能力不足、水平不高是现阶段制约后勤服务育人的主要问题。

(二)育人环境建设方面

相对于传统教书育人的模式而言，在高校这样特殊的范围内，以后勤基建为主体的高校服务机构，营造优美的教育环境、优质的物质条件和引导正确的思想政治动态，突破中规中矩的教育理念，使教育对象在优美的校园环境中受到“隐性美育”的熏陶。同时能够在保障日常生活的基础上，提供优质的餐饮与住宿服务，通过高素质的后勤员工在与服务对象密切接触过程中营造的人文环境、展现的良好风貌和素养多方面潜移默化地感染和影响学生，这是高校服务育人的核心要素，更能实现有效的育人效果。环境对人的思想品德产生重大影响，但是在服务育人的实践过程中，这方面做得并不够。

1.把握意识形态阵地不牢

很多高校认为育人主要是任课教师和学生工作者的职责，对其他方面的育人阵地重视不够，这样就错失了很多育人的机会，使育人的氛围不够浓厚，导致育人效果不佳。例如，很多高校都对教室或公共实验室墙上的名言警句有所重视，希望通过激励、警醒的方式来达到育人的目的。然而对于食堂餐桌桌贴的内容，很多高校却不甚关心，多数情况下桌贴被一些商业广告所占据，虽然获得了一定的经济效益，但却失去了一个很好的育人阵地。

2.校园环境规划建设不够合理

近年来,各高校大力改善师生学习和生活的条件,优化服务配置,创造良好的硬件环境,高校后勤基建部门做出了重要贡献。与此同时,我们也清醒地看到校园环境建设工作中仍存在不少问题。例如,盲目追求建筑上的“新、大、洋”和高速度,缺乏周密调研和科学论证,忽略了文化继承、沉淀与积累,从而导致校园环境建设本身的育人功能无法充分发挥。

3.对与学生沟通平台的建设重视不够

在育人的过程中,学校与学生的沟通十分重要,只有在沟通过程中,学生才能更直接地被影响,才能更加有效地受益。学校对搭建与学生的沟通平台重视不够,投入精力不足,学生与学校可沟通交流的平台少之又少,往往学校听不到学生的发声,学生对学校下达的精神领会不到位,从而产生理解上的偏差,使工作达不到应有的效果,有时甚至背道而驰,未能将沟通这个最直接育人的平台最大限度地利用起来去发挥育人作用。

4.宣传平台发挥育人作用不充分

在信息化时代的今天,每个人都是一个自媒体,信息爆炸、价值多元,宣传平台俨然成为育人的重要阵地。而门户网站和企业号作为高校宣传的主要途径,并没有将其利用到位,发挥出应有的育人作用。虽然越来越多的高校在门户网站和企业号建设方面取得了一定的成果,在加强门户网站宣传力度的基础上,开始利用微信推送新闻、通知和公告,提升了工作效率,增强了工作效果。但是这些工作大部分只停留在方便各自行政事务的开展方面,并没有站在育人的角度上。我们要考虑如何才能在完成自身部门工作的同时,将育人元素注入其中。因此,如何更好地利用宣传平台发挥育人功能,仍需不断地思考。

5.信息化建设薄弱

在进入数字和网络的新时代后,人们的思想观念和意识在不断更新,老师和学生们对衣、食、住、行的服务质量要求也越来越高,传统的服务模式已经不能适应当今快速发展的新形势。与此同时,新科技层出不穷,信息化服务手段日渐成熟,如果仍按照过去的方式进行运作,不仅满足不了学生的学习生活需求,而且会让学生感到一种落后和封闭的氛围,这势必会对学生的成长发展带来不利影响。因此,在为学生服务的过程中，引入信息化的手段是必然、必须且必要的。虽然近年来各大高校的信息化水平有所提升，但从整体上说，信息化基础薄弱，水平较低，仍需要加大发展力度，持续提升。

（三）解决方法与实践成果

1.提高服务育人意识

意识指导行动，在育人工作中，树立明确的服务育人意识是做好服务育人工作的关键。后勤员工立足本职工作，勤勤恳恳做服务，踏踏实实搞保障，各司其职，各负其责，对自己身负育人重任的认识淡薄。育人应该注重知识和品德的全面培养，与学生频繁接触的后勤员工也是培养学生、教育学生的主力军。

2.加强党委对服务育人工作的领导

要充分发挥党委政治核心作用，牢牢把握正确教育方向，提出服务育人的指导思想和目标要求，制定服务育人的总体规划；要充分发挥党委职能部门和工会、共青团等群众组织的作用，将服务育人的功能和其重要作用宣讲和传达到位，使后勤员工树立服务育人意识；成立服务育人工作领导小组和迎评工作领导小组，对下属二级单位服务育人工作情况的检查、评估、监督和管理等加大力度，对开展工作良好的单位或个人实施奖励机制，立“典型”，树“先锋”，从而在工作群体中形成竞争激励机制，相互监督、相互学习、取长补短。同时，先进典型的优秀事迹也能对作为服务对象的同学们产生良好的影响，进而发挥育人功能。

3.加强思想政治理论学习

把学习习近平新时代中国特色社会主义思想和党的十九大精神作为首要政治任务，贯彻和落实全国高校思想政治工作会议、《中共中央国务院关于加强和改进新形势下高校思想政治工作的意见》和全国教育大会精神，切实提高深化后勤职工服务育人的思想自觉和行动自觉。

4.加强队伍建设，提高员工素质

“身教重于言传”，作为不上讲台的老师，后勤员工的管理能力、技术水平和服务形象同样会给学生行为带来较大的影响，因而必须不断加强队伍建设，提高员工整体素质。

5.加强培训,完善制度管理

规范服务标准,完善员工守则,加强专业培训,进一步提高员工岗位服务技能和综合素质。

6.引进人才,优化管理理念

加强人才引进,将先进的管理理念、服务理念持续地引入到后勤工作中,不断优化育人氛围,更好地发挥服务育人的功能。与此同时,与不同高校后勤部门开展定期的座谈交流学习,实现相互之间优秀经验的参考与借鉴,从而更好地提升后勤员工的服务质量,提升服务育人的能力与水平。

7.以环境建设为依托,提高育人能力与水平

育人作为高校教育教学工作的核心内容,必须以特定的环境为依托方能发挥作用,这类特定环境需要高校后勤基建工作的建立和营造。如何创造既满足师生需求,又适应学校事业发展规划的校园环境,充分发挥育人功能,是高校校园环境建设应该解决的问题。

8.充分利用公共场所意识形态阵地

学校要自上而下深入加强育人意识,注意抢占育人阵地,层层传导育人意识和观念,切实将育人精神落到实处,重视食堂桌贴、教室墙面名人语句、宿舍楼内的公共空间等育人阵地的发挥,以育人的效果为主,而不能过分追求经济效益。以中国农业大学为例,食堂桌贴的大幅版面已由商业广告替换成社会主义核心价值观的宣传,宿舍楼内的公共空间也有序地粘贴了宿舍管理条例等规章制度,让学生无时无刻不在育人的氛围中学习和生活。

9.合理规划,将校园环境建设与文化有机融合

打造具有历史文脉和具有时代特征的建筑,结合高校教学、科研、师生交流活动等方面的特点,规划、设立、布置文化景观,将建筑景观、文化景观相结合,实现隐性审美熏陶,潜移默化影响学生,让学生走在校园随处都能获取对校园文化环境的认同感,这是服务育人的必要保障。此外,还可以引导学生参与校园环境的规划、建设、维护等工作中来,以此来促进学生与后勤基建员工的沟通交流。同时为园艺、土木工程、工业设计等相关专业的学生发挥专业优势,提升实践能力,提供有效的平台,从而实现显性的教育效果。

2017年,中国农业大学后勤基建处绿化环卫中心与观赏园艺与园林系开展“参与花园设计,共建精致校园”共建活动,将资源利用率较低的水泥地停车场,改造为集通行、休憩、观赏为一体的小花园。作为“设计师”的观赏园艺与园林系学生们全程参与,不断奔走于施工现场与设计室,努力做到艺术性与技术相结合。改造后的花园与周围绿化景观相互呼应,融为一体,成为具有农大特色和文化氛围的绿化空间,为学生营造出舒适安静的学习和生活环境。改造校园里的一片小场地,让它从简陋、粗糙到整洁、优美,这是师生对与自然和谐共生的追求,也是学生参与到校园建设中来,将专业知识与学习积累运用于近身生活的一次实践。改造校园不仅帮助同学们夯实了的学科基础,加深了对专业的理解,同时也带动同学加强了对校园环境的关注和爱护,增强了主人翁意识。

(四)加强与学生沟通平台的建设

1.建章立制,促进与学生沟通平台的有效运转

在不断拓宽师生沟通平台的基础上,对现有的沟通平台进行建章立制,加强管理,使其发挥应有的功效。以中国农业大学为例,校长信箱是师生沟通交流的一个重要平台,受理本校师生员工实名提交的有关学校教学、科研和管理服务等工作来信,包含咨询、意见、建议或表扬等,学校各二级单位负责回复。各个二级单位在校长信箱回复平台上专业性和启发性的回答,在解答疑问的同时,也使学生们感受到专业的精神和负责任的态度,提升他们换位思考的能力,增加彼此的尊重和理解。

校长信箱作为答疑、投诉、建言的有效途径的同时,也成为育人的有效阵地。此外,为了确保校长信箱的回复质量和时效,以充分发挥育人功能,中国农业大学也出台了《中国农业大学校长信箱使用管理办法》制度,专门对校长信箱平台进行管理和规范,二级单位也根据自身情况开会讨论,建章立制,对校长信箱平台进行有效管理,取得了较好的效果。

2.充分利用资源,丰富育人途径

目前,高校的发展进入“双一流”建设的关键时期。随着学校事业的发展和学生对美好校园生活需要的日益增长,后勤需利用现有资源,不断丰富服务育人的项目,打造品牌文化活动。例如,建设勤工俭学育人项目、实践体验育人项目等,将服务文化融于动态的服务活动,吸引全员参与,寓教于乐,多途径提升服务育人质量。

2017年，中国农业大学后勤基建处利用饮食服务中心的优势资源，结合学校农业特色，推动马铃薯主粮化战略进校园、上餐桌，策划开展了饮食文化节之土豆文化节。活动利用了微信、官网等信息化平台发布活动通知，通过宣传土豆知识、土豆免费试吃、土豆秀及土豆菜品半价活动等环节，吸引了数千名师生的热情参与，活动现场热闹非凡。土豆的相关知识、学校彩色土豆的发展状况、后勤职工的风采与创新创造活力都得到了很好的展示，同学们一边感悟着知识，一边品尝着美食，一边又与后勤工作人员互动交流，育人与活动融为一体。

实际上，只要学生有需要、后勤有资源，就可以开辟新项目。例如，服务育人+实践育人——食堂开办“学生餐饮培训班”。现阶段学生就业后，部分学生因为各种原因需要自己开火做饭。为此，学生食堂可以开办烹饪培训班，利用课外活动、星期天时间，由厨师教授有兴趣有意向的学生烹调技术，增强学生的社会生存能力，提升育人的持久影响。后勤机构还可以利用问卷调查、后勤领导接待日等形式，听取师生对后勤服务工作的意见和建议，解答学生提出的共性问题，让师生充分了解、理解、尊重后勤工作

3.推进服务育人智慧化建设，组建专门宣传队伍进行网页宣传和企业号信息推送

后勤工作事务繁杂，高校可以根据自身后勤服务特点，利用现代多媒体平台，开发校园后勤App、企业号、公众号和门户网站等公共平台，对后勤服务和育人实践活动进行广泛推广，即时发布服务信息，参与学生关注的热点话题，充分掌握学生的精神动态和生活需求，致力于将后勤服务与学生的生活密切联系，紧密相关，并切实巩固后勤——这块高校思想政治教育工作高地，打造风气良好、精神饱满、服务高效的校园生活精神环境。开发新兴的公众号、企业号推送，这些宣传方式的增加，拓展了育人渠道，同时也意味着工作量的增加。这就要求各部门组建专门的队伍来进行育人宣传，增加宣传人手，避免出现单打独斗、导致筋疲力尽或者忙于其他事务，只能对宣传敷衍了事的情况。

4.着重信息化建设的顶层支持和设计

信息化建设是“一把手”工程，只有学校和各二级单位的一把手重视，并给予人力物力财力的多重支持和保障，才能有效地推进信息化的建设。以中国农业大学

后勤保障处为例，处级干部层面多次召开会议对信息化建设问题进行专题研讨，并指派专人牵头予以推进。同时，前期调研了有关高校的经验和各个中心（实体）的实际需要，对相关的工作流程和运行模式进行了充分研究，梳理出实际需求，进行有针对性的系统开发和设计，这样才取得了一系列成果。例如，智慧后勤门户网站、工程项目管理系统、教职工住宿管理系统、后勤电子收费平台及学生宿舍管理系统等。这些智慧后勤的信息化建设，给学生们带来了更多的方便，让信息多跑路，让学生少跑腿，让管理更精确，让监督无死角，让学生们更多地感受学校服务的与时俱进，使学生在被服务中获得成长。

关于资助育人工作体系及机制建设的探索

■ 吴华杰

摘要：通过对国内高校资助育人工作的现状分析，总结了资助育人工作体系中存在的问题，提出了全员全过程全方位资助育人的工作体系和机制。

关键词：资助育人；体系；机制

党的十九大报告强调要“健全学生资助制度”，为学生资助工作进一步指明了方向，并提出了更新、更高的要求。高校学生资助工作对于推进教育精准脱贫，重点帮助贫困人口子女接受高等教育，获得更好的发展机遇，阻断贫困代际传递具有重要意义。教育部部长陈宝生在人民日报发表的《进一步加强学生资助工作》的文章中指出，要全面推进学生资助精准化，既要做到资助对象精准、资助标准精准、资金发放精准，又要切实发挥学生资助育人功效，必须坚持育人导向，将育人作为资助工作的出发点和落脚点，构建物质帮助、道德浸润、能力拓展、精神激励有效融合的长效机制，形成“解困—育人—成才—回馈”的良性循环，要努力提升学生资助科学化水平。精准资助、资助育人、提高学生资助科学化水平是国家和教育主管部门对学生资助工作提出的要求。高校学生资助工作围绕着这样的工作思路积极开展资助育人工作，取得了很多成绩，也存在着一定的问题。

一、国内高校资助育人工作现状

各高校围绕着资助育人的“解困—育人—成才—回馈”工作目标，在经济资助、能力拓展、精神塑造等方面积极开展实践和探索，形成了各具特色的工作体系。

（一）经济资助

为实现精准经济资助，不少高校采用大数据分析方法，通过分析家庭经济困难学生各方面情况，确保精准资助，如华南理工大学、山东大学、中国药科大学、北京师范大学、华北电力大学、华中师范大学、大连理工大学、电子科技大学等都进行了卓有成效的探索，如华北电力大学依托大数据技术手段，建立基于模糊预算的家庭经济困难数据认定模型，涵盖每月消费数据、家庭收入水平等13项数据指标。在模型量化评估基础上，采用电话、访谈等方式深入了解学生具体情况，拟定资助等级，并通过四级评审制度和公示制度，确保实现精准资助。

为准确了解学生的家庭经济状况，很多高校还设立了家访制度，如东南大学、天津大学、中南大学、中国药科大学、复旦大学、清华大学等。东南大学暑期前往江苏、山西、重庆等地开展家访工作，对部分家庭经济困难的学生进行情况摸底，并调研生源地贷款办理流程、管理办法和建档立卡情况，创新"家庭—当地资助管理中心—高校"三方精准资助模式，主动了解学生的家庭真实情况和困难，设立"新生圆梦基金"，根据家访情况给予家庭经济困难新生精准资助，帮助他们实现大学梦。天津大学在暑假期间，共组织51支社会实践队，对近300户2016级本科家庭经济困难的新生进行家访，掌握第一手资料，为资助工作奠定基础。中南大学提前对新生进行电话家访摸底，为特困新生提前送达"绿色通道"。为了解学生，中南大学每年设50万元家访调研经费，实施"五个一家访工程"项目，即每年党委书记家访1名学生，校长家访1名学生，学工部、团委家访10名学生，各学院学生工作负责人家访100名学生，学生辅导员家访1 000名学生，确保资助育人落细落实。清华大学注重发挥家庭引导作用，连续18年开展受助学生家庭走访，累计走访千余个家庭，并与当地政府沟通需要重点关注的家庭情况，开展针对性的帮扶工作。

（二）能力拓展

各高校在助力经济困难学生实现能力作战，促进成长成才方面都进行了很多有益的探索，从机构组成上大部分高校通过设立学业指导中心、职业指导中心、心理中心等机构，或者开设技能提升课程、社会公益项目、海外研学项目等来围绕提升学生的专业能力、创新创业能力，使学生开阔视野、感恩回馈社会。

清华大学建立学习与发展指导中心、职业发展指导中心、心理发展指导中心，对家庭经济困难学生进行学业辅导、职业规划、心理辅导等方面的咨询；成立"阳光工作室"，重点为家庭经济困难学生、来自边疆民族地区的学生提供发展支持。清华大学支持学生全面发展，在满足受助学生生活需求的同时，提供国情认知引导、外语能力培训、海外交流交换等支持，让学生没有后顾之忧地共享学校一流的成长发展机会。

华南理工大学制定技能提升课程、社会公益项目、职场规划项目、海外研学项目等系列“发展型资助育人行动计划”，培育受助学生的创新精神、实践能力和人文素养，促进受助学生全面发展。

山东大学实施“解忧杂货铺”项目，设置解忧信箱，倾听学生心声，帮助学生排忧解难，实现隐形资助，并在促进成长和成才方面都进行了很多有益的探索，从机构组成上大部分高校通 5 个模块 31 项助学育人培训。

复旦大学设立“本科生助学成才家园”，实施“助力成长计划”。其中，“学业促进平台”开办助力腾飞训练营，组织朋辈互助小组，开展讲座和个性化辅导；“心理支持平台”开展相关主题调研，成立心能源工作室，加强心理健康教育和辅导；“社会实践平台”设计社会实践专项培养计划，组织家庭经济困难学生赴全国各地开展支教助医、校园宣讲、创新调研等实践活动；“视野拓展平台”开展出国出境交流培养工作，引导学生在国际舞台上展示中国青年形象；“创新创业平台”通过建设“光华创新学院”，探索形成“实践体验—学习领悟—成功体验—反哺实践”的创新创业人才培养模式。

这些机构和项目能够围绕学生成长成才协调运转的关键在于，针对学生开展个性化的指导，使学生能明确目标，充分利用学校的各类资源，助力自己的成长发展。

华中农业大学建立家庭经济困难毕业生就业创业帮扶工作台账，列明就业创业意向、就业进展、帮扶措施等，专人管理、定期更新，做到“一生一档”，安排就业导师和朋辈联络员，量身定制帮扶方案，做到“一生一师”。通过就业网等信息化手段，建立服务平台，向帮扶对象送政策、送培训、送岗位，做到“一生一策”。用好企业资源，提供企业实习实训机会，聘请企业家担任求职顾问，做到“一生一企”。

华北电力大学打造“成长 1 + 1”结对帮扶项目，选配成长导师与经济困难学生结对，提升帮扶的针对性和实效性；创设“绿色氧吧”工作坊项目，构建开放的朋辈互助平台。实施学业规划引领项目，瞄准学生成长发展主业，确保每名经济困难学生不掉队。

中南大学建设“朋辈成长辅导室”“名师一对一辅导站”，华南理工大学聘请优秀校友担任“成长顾问”。

为确保个性化指导更具有针对性，促进信息化平台建设，实时关注学生动态是关键。华中师范大学完善信息平台建设，将学生的奖、助、贷、勤、偿五大类、76个子项目纳入学生事务服务网络平台，实现资助工作信息化。建立消费动态预警机制，注重信息采集和数据更新，通过每学期学籍注册等环节完善学生个人信息，实时分析一卡通消费大数据，为学生资助工作“一对一”服务提供数据支撑，实现资助数据与业务共享。

(三)价值引领

与其他非经济困难学生相比，对于经济困难的学生而言，学生获得更多的经济上的资助和其他的关照，如何让学生从内心接纳这样的帮助并努力奋斗获得更好的发展，同时也愿意助力他人的发展是需从道德层面和价值观塑造来重点突破的难点。各个高校通常通过设立系列社会公益实践项目来鼓励学生在力所能及的时候就开始回报社会。

华北电力大学开展“阳光助学”课外辅导项目，注重实践能力培养和社会责任感教育，拓展资助育人功能。清华大学发挥榜样示范作用，聘任国家奖学金获得者担任资助政策宣传大使，实施“校友励学金”工程，吸引校友捐赠并每年到校与受助学生面对面交流。华东理工大学开设云南寻甸特色农产品展销货架，鼓励受助学生参与家乡扶贫开发，拓展校企协同育人资源，开展“励志计划”，为学生成长发展保驾护航，注重价值引领，创新活动载体，深化感恩教育。

北京科技大学实施公益学时制，将社会实践和能力提升有效融入资助育人，引领受助学生参与公益实践，覆盖学生3 000余人次，将受助学生培养列入勤工助学用人单位考核，提供勤工助学岗位2 000余个，覆盖学生近5 000人。此外，北京科技大学还成立“校友俱乐部”，营造“励志不毕业、青春不散场”的励志文化，每年4月举办“励志青年校友俱乐部年会”，邀请往届学员共话成长心得，深化感恩母校意识，注重“跟踪式培养”，将励志学员作为重要校友资源，持续进行成长关注和发展跟踪，举办“励志巡讲会”，引导学员发挥校园影响力，实现由“一个人优秀”向“带领一群人共同追求卓越”转变。5年来巡讲会走进100余个班级团支部、覆盖学生3 000人次，励志学员成为青年学子的青春榜样。

复旦大学主动对接国家创新驱动发展战略，支持和鼓励家庭经济困难学生创新创业。举办“改变家乡创意大赛”，鼓励家庭经济困难学生积极为家乡发展献计献策。

华中师范大学突出社会奖助学金“志愿服务”环节，设定不低于 20 小时的社会公益服务时间，帮助学生挖掘社会资源，拓展社会奖学金规模和种类回馈社会，鼓励更多学生通过自身努力获得奖励。

在国外，为培养受资助学生的感恩意识，要求学生在收到资助后给捐助者撰写感谢信，如密歇根大学还为学生准备了感谢信撰写的模板，要求学生从“为什么选择密歇根大学、主修什么专业、参与过的活动以及完成学业后的计划”等方面向资助者汇报，并特别强调写信的礼貌和礼节。

由以上高校的资助工作可看出，绝大多数高校成立了学生资助工作中心，学生资助工作向专业化迈进。资助工作从经济资助升级为发展资助，在满足基本生活需求的基础上，强调价值引领、能力建设、职业发展等个性化发展资助。资助工作使经济困难同学从接到大学录取通知书至大学毕业全程的基本生活得到充分保障。具体措施从入学时的绿色通道到在学时的奖助学金、学费减免、勤工助学岗位设置以及毕业后基层就业项目的学费代偿等。

二、资助工作存在的问题

精准资助、资助育人的工作理念已深入高校的日常资助工作之中，资助工作体系均已建立，如何在原有工作基础上进一步提升精准资助、资助育人的质量和效果是各高校资助工作面临的主要问题，主要表现在以下几方面。

(一)各高校在全方位育人格局的设置上还需要进行顶层设计和通盘考虑

在实施学生发展型资助时，各高校都设置了不同的资助项目，这些项目与学校其他促进学生成长发展的活动项目是否交叉重叠，例如，培养学生感恩、回馈的一些志愿服务项目与团委的志愿服务项目之间如何统筹？资助项目的设置是否根据学生的能力水平和实际需要？例如，在电脑已经广泛使用的情况下，给学生教授一些办公软件的实用技能通常被忽略，而这些实用技能的掌握却有助于提高学生的学习效率，如何在课程设置时考虑这些学习技能的培养需要教务部门来统筹考虑。这些都需要统筹和整合全校资源，形成全方位育人的格局，寓资助于无形。

(二)在经济困难学生的成长发展过程如何精准发力，帮助学生扬长补短是一个科学性和系统性的工程，有诸多问题需要解决

学生个性化成长方案的制订和实施，成长方案由谁来参与制订？方案实施效

果的追踪、评价、反馈与调整以什么方式来进行？是由资助中心的工作人员、辅导员、班主任，或是其他导师的一对一，还是一对多指导？这些问题都需要深入探讨。

三、资助育人工作体系及机制建设

（一）资助育人的工作目标

教育部对资助育人工作提出的要求是：资助工作要形成解困—育人—成才—回馈的良性循环，这实际上也是各高校资助育人的工作目标。虽然各自的提法不同，但已基本形成共识，即围绕经济资助、能力提升和精神塑造等目标开展工作。经济资助主要是动态评估和确定经济困难学生的家庭经济状况并据此提供在学期间的精准经济资助；能力提升主要是帮助学生顺利完成专业学习、突出创新和实践能力的培养和形成自身完善的知识和技能体系，指导和帮助学生在实习、择业、就业过程中形成自身的核心竞争力；精神塑造主要以社会主义核心价值观引领经济困难学生自强不息、感恩回报社会。

（二）资助工作体系

根据资助工作目标，全方位、全过程的育人工作需要建立多部门联合协作的工作体系，即资助中心牵头，教务处、就业指导中心、团委、心理中心、财务处、网络中心等共同参与，形成合力为经济困难学生的成长和发展提供平台（图 1）。

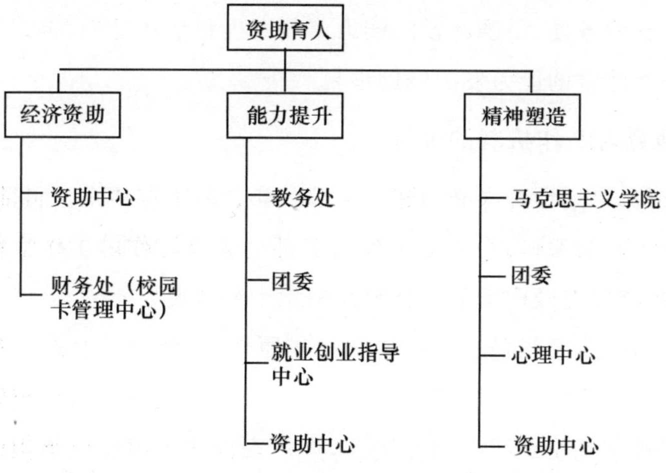

图 1　资助育人工作体系

资助中心包含校、院二级资助工作机构，主要工作是负责评定经济困难学生的经济状况并提供精准的经济资助方案，为经济困难学生制定个性化的成长方案，追踪、评估、反馈、调整学生在学期间的学习行为，促进学生成长成才。

财务处（校园卡管理中心）定期分析经济困难学生在校内的消费行为，为精准资助提供依据。财务处要保障各种资助费用及时发放到学生账户中。

马克思主义学院设立相应的课程教学环节；团委组织开展实践、志愿服务项目；资助中心组织特定项目来引导学生树立社会主义核心价值观，培养学生感恩、回报社会的意识。

心理中心则应关注经济困难学生的心理状况并有针对性的开设成长小组，帮助经济困难学生及时调整心理状态，指导他们构建和谐的人际关系。

教务处应该进一步细化人才培养目标，除了专业技能外，在普通通识课和核心素养课中提供系统培养学生可迁移能力的课程并积极拓宽优质网络课程资源。在能力提升方面，主要通过第一课堂和第二课堂，培养学生的专业技能、可迁移能力和自我管理能力。

团委组织的第二课堂活动侧重于自我管理能力的培养，应该有明确的能力体系建设目标、对应的组织和活动体系。

就业指导中心根据学生的个性特点、兴趣、技能、价值观，提供职业生涯规划、求职技巧提升、实习项目、就业项目推介等方面的指导。

资助中心在教务处、团委开设的能力培养课程和活动之外，再根据学生的个性化需求开设一些特定的能力发展资助项目。

（三）资助育人工作机制的设计

实现全方位、全过程育人必须建立多部门联合的工作体系。目前，由于各部门的工作职责分工相对明确，在实际工作中多部门联合协作的工作往往难以有效推进。因此，使各部门有效联动的工作机制探索十分重要。

机制在《辞海》中是指机器的构造与运作原理，后泛指社会或自然现象的内在组织和运行的变化规律。对于资助育人的工作机制，笔者认为是与资助育人工作相关的组织以及这些组织间的相互关系，具体表现在各组织应承担的工作任务以及这些工作任务的相互关系。

资助育人的工作机构应当包含校、院二级组织。在校级层面，应该设立学校人才培养委员会，这个机构类似于学校的学术委员会，但主要侧重在人才培养目标的制定以及为实现这个目标所进行的任务分解。学校与育人相关的职能部门，如教务部门、学工部、团委、马克思主义学院、心理中心、就业创业中心、资助中心等部门的负责人都应该是这个人才培养委员会的成员。

除此之外，教学名师、高等教育研究中心研究人员等都应作为学校人才培养委员会成员来共同研讨学校人才培养体系如何建立。在学校人才培养体系的基础上，针对经济困难学生群体在家庭经济情况、学业状况、心理状态等方面的特殊性，各个职能部门设置一些特殊的课程、讲座或活动，使经济困难的学生获得更大的支持。在学院层面则由学生教育管理科为牵头，辅导员、班主任共同参与来为经济困难学生制定成长档案，并对学生发展状态进行追踪、评价和反馈。

在上述组织架构的基础上，资助育人的工作机制是自上而下与自下而上相结合的工作方式。学校人才培养委员会在顶层设计上要十分明确人才培养目标及其对应的能力培养体系，根据相关部门的职能划分第一课堂和第二课堂在能力培养体系上分别承担的责任和任务，通过开设课程、组织讲座、实践服务等方式提供菜单式的活动项目。第二课堂则不仅限于团委、心理中心、学工部、研工部组织的系列活动，它还应该包括图书馆和院系的各类讲座等，即从学校层面是自上而下的推进和资源供给。

在学院层面，依托学校职能部门提供的菜单式活动项目资源，根据学生的家庭情况和学生能力状况等，依托辅导员、班主任一对一，或者一对多的指导其参加相应的课程或活动，从而帮助其实现能力提升和精神塑造。学院的学生教育管理科还应该对经济困难学生参加的项目效果进行评估，及时反馈给学校职能部门进行适时调整，即在学院层面是自下而上的实施和效果反馈。资助育人工作机制如图2所示。

通过对全员、全过程、全方位资助育人工作体系和机制的探索，梳理了高校在资助育人工作中如何从校院两级进行顶层设计和通盘考虑，构建物质帮助、道德浸润、能力拓展、精神激励有效融合的长效机制，形成“解困—育人—成才—回馈”的良性循环，真正举全校之力来做好资助育人工作，育资助于无形。

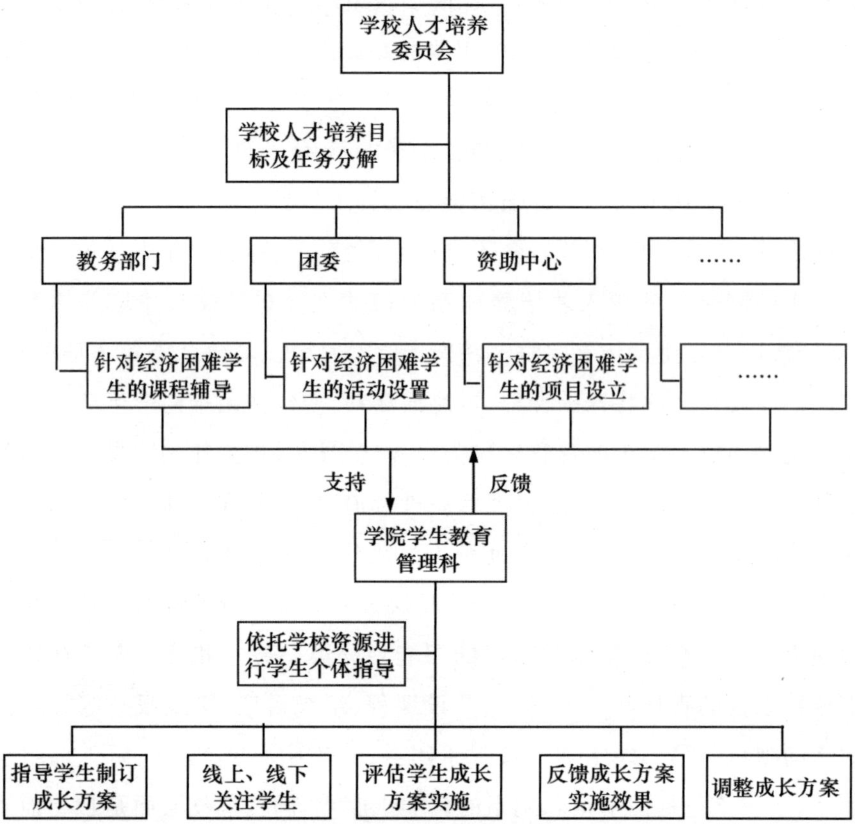
学校人才培养委员会
学校人才培养目标及任务分解
教务部门
团委
资助中心
……
针对经济困难学生的课程辅导
针对经济困难学生的活动设置
针对经济困难学生的项目设立
……
支持
反馈
学院学生教育管理科
依托学校资源进行学生个体指导
指导学生制订成长方案
线上、线下关注学生
评估学生成长方案实施
反馈成长方案实施效果
调整成长方案

图 2　资助育人工作机制

关于高校“三全育人”的创新路径的探索和研究
——基于组织机制角度

■ 岳敏　沈立峰　武镒　华博

摘要：本文对于高校组织育人现状进行了分析，提出组织育人要解决好各组织育人功能的发挥和育人合力这两大问题，并对高校各类组织育人的规律特点及功能实现进行了阐述，构建了组织育人的工作机制，提出了工作机制实现的路径。

关键词：“三全育人”；组织育人；工作机制

习近平总书记在全国思政工作会议上强调，高校思想政治工作关系高校培养什么样的人、如何培养人以及为谁培养人这个根本问题。对于“怎样培养人”，习近平总书记又做出了进一步强调，即牢牢掌握党对高校工作的领导权，坚持社会主义办学方向，掌握高校思想政治工作主导权，保证高校始终成为培养社会主义事业建设者和接班人的坚强阵地，要坚持把立德树人作为中心环节，在“六个方面”下功夫，把思想政治工作贯穿教育教学全过程，实现全程育人、全方位育人的局面。这是对“怎样培养人”这一命题的基本遵循，而这一基本遵循的落实和执行要靠高校各级组织来完成。

由此可见，高校各级组织在育人工作过程中起着极其重要的作用。如何高质量地完成组织育人的任务，教育部在《高校思想政治工作质量提升工程实施纲要》中也做了进一步的要求，即把组织建设与教育引领结合起来，强化高校各类组织的育人职责，发挥高校党委领导核心作用、院（系）党组织政治核心作用和基层党支部战斗堡垒作用以及工会、共青团、学生会、学生社团等组织的联系服务、团结凝聚师生的桥梁纽带作用，把思想政治教育贯穿各项工作和活动，促进师生全面发展。各个高校要落实好上述精神，必须要解决好 2 个基本问题：一是各类组织育人功能发挥；二是各类组织的育人合力，并探索和构建出高效的组织育人机制。

一、高校组织育人的主要问题分析

当前高校组织育人的组织体系较为健全，也积累了很多的经验和做法，为组织育人提供了良好的条件。但是按照全国高校思政工作会议、全国教育大会以及教育部《高校思想政治工作质量提升工程实施纲要》等精神对育人工作的要求，高校组织育人还存在一定差距。其主要问题集中在以下几方面。

（一）思政系统各组织育人工作的层次性、系统性弱

高校党委系统中的思政工作组织作为思政育人的“主力军”始终显性化地发挥着思政教育的功能，该类组织在育人工作中无论是人力、物力的大量投入上，还是各项政治任务和思政工作内容的推进和执行上，都显示出该类组织较强的战斗力、执行力，为学校实现立德树人根本任务提供了坚实的组织保障。该类组织虽然在育人工作中发挥了战斗力强的主力军作用，但是就当前组织育人的实效来看，各组织对于育人工作层次性和系统性设计不够，因此表现出各自为战、工作重复叠加等现象，导致思政系统组织育人效率未达到理想要求。

（二）非思政系统的各组织育人功能发挥不充分

立德树人是高校的根本任务，高校内各个组织都要围绕这一根本任务来展开。中央在《关于加强和改进新形势下高校思想政治工作的意见》中指出，要坚持全员、全过程、全方位育人，把思想价值引领贯穿教育教学全过程和各环节。这一“大思政”格局的背景，为高校各组织发挥育人功能提出了明确要求。而当前高校和非思政系统组织的育人功能发挥还不够，具体表现为组织的业务职能与育人职能没有真正融合，受到“只关注业务工作”惯性思维的影响，缺乏落实育人职能的具体措施，因此，组织的业务职能与育人职能还未达到高度统一，出现了“两张皮”的现象。

（三）兴趣协会、社团等组织育人导向不明显

兴趣协会、各类社团是群众性组织，在“大思政”格局的背景下，群众性组织也应承担育人的任务，即在组织和开展各类群众性活动的过程中，要充分发挥桥梁纽带作用，同时要承担起引导群众听党话，跟党走的政治任务。但是长期以来，高校强调组织育人功能多指向思政系统、党委职能部门等组织，而对群众性组织育人功能的要求不够。协会、社团类的组织仅限于休闲、娱乐等兴趣导向，其育人导向不

明显。以上问题形成的原因有多种，概括起来主要有以下 3 个方面。

1.对组织育人的规律和特点整体把握不够

一所高校的组织体系是一个庞大、复杂的系统，高校依托这个系统保证教学、科研、人才培养、社会服务等的有序运行。高校的根本任务是立德树人，各个组织必须围绕这个根本任务充分发挥各组织的育人功能。各类组织的育人功能是有其规律和特点的，只有把握好这个规律，才能达到高效的育人目标。而当前高校对组织育人的规律和特点，缺少深入的研究，对各类组织育人功能的实现把握不准以及各个组织育人功能的实现途径、发力点、组织间相互联系等把握不够，导致三全育人的效率不理想。

2.对“大思政”理念的认识不足

全国思政工作会议上明确提出三全育人的要求，构建“大思政”格局。这就要求高校内所有组织都应遵循“大思政”理念，从组织功能定位、行为模式上都应加以强化和落实。但是高校对非思政系统类组织的“大思政”理念认识不到位，因而，三全育人的具体措施的缺乏，导致非思政系统类组织的育人功能发挥不足。

3.高校组织育人的协同不力、合力偏弱

在“大思政”格局背景下，强调高校各类组织都要瞄准立德树人这一根本任务同向发力，这就需要对高校各个组织育人所发之力进行整合、激励、纠偏等，以此实现组织育人的强劲合力。由于高校组织育人在合力层面上的顶层设计偏弱，育人工作机制不够健全，致使组织育人的协同不足，有效合力偏弱，进而导致组织育人功能发挥不够充分。

二、高校各类组织育人的规律特点及功能实现

一所高校现行的各类组织少则有七八十个，多则有上百个，从组织层级上分为校、院二级组织，从组织类别上可以分为党委系统类组织（二级党委、党支部、群团组织）、教学教辅类组织、科研类组织、行政管理类组织 4 部分共同构成育人组织体系。这个组织体系其育人功能的实现是在党委领导下，借助各组织职能的发挥而实现的。本文讨论的重点是如何最大限度地发挥组织育人功能，形成强劲的育人合力，所以必须对组织育人的规律和特点进行梳理，准确把握，以期实现理想的育人目标。各类组织有其各自的育人规律和特点，它与各类组织的职能特征、与学生群体的空间距离和接触的紧密程度等密切相关，如图 1 所示。

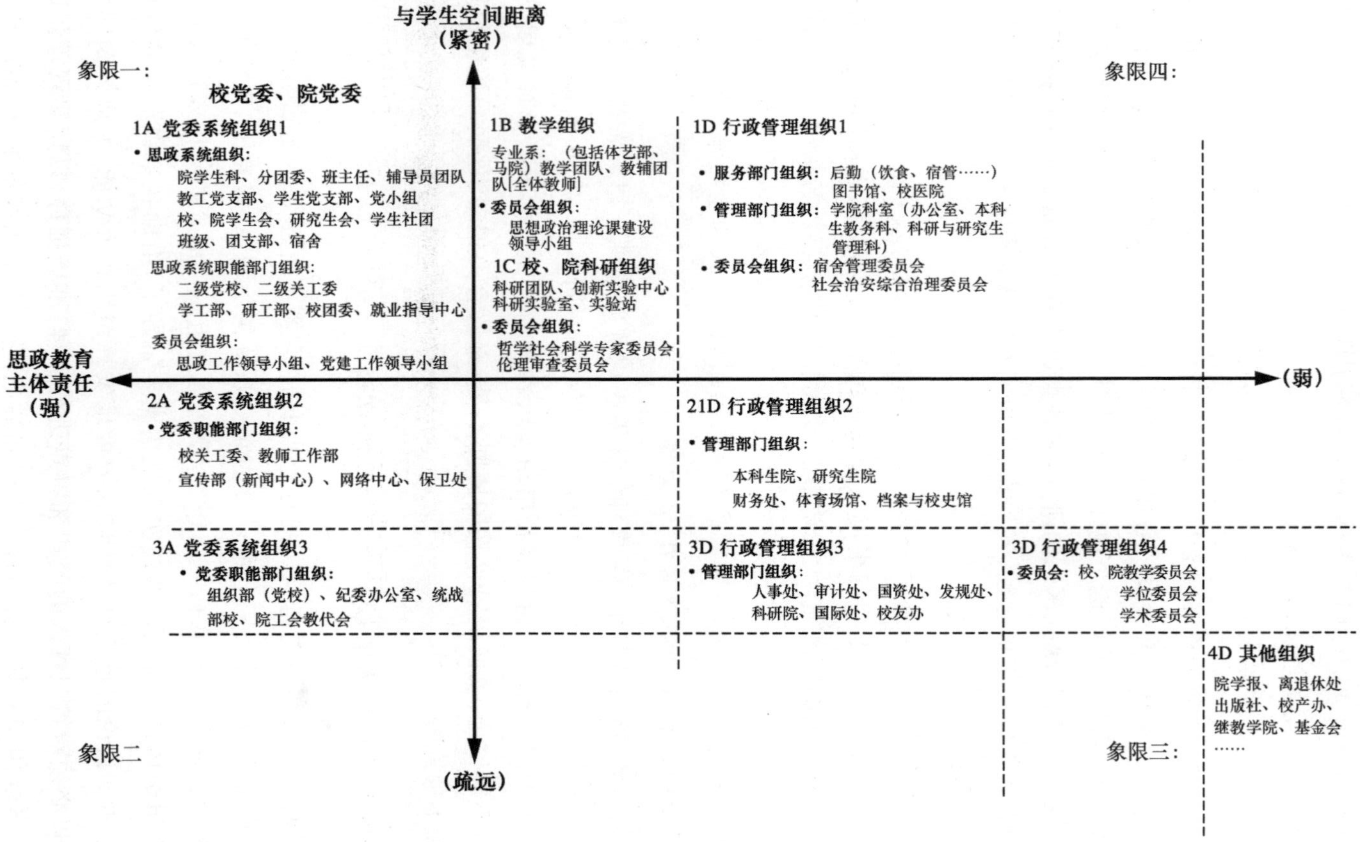

图1　高校组织育人的组织体系象限图

上图纵轴表示各组织与学生接触的空间距离关系，横轴表示各组织的思政主体责任强弱关系，以此构成4个象限，分别表达出各组织与学生群体的空间距离的逻辑关系和思政主体责任强弱的逻辑关系。纵轴左侧的各组织为思政教育主体责任类群，即象限一和象限二中的组织（均为党委系统组织）都承担着思政教育主体责任，是育人工作中的重要组织类群。其中，象限一中的各组织既负有思政工作主体责任，又必须与学生直接接触，所以更是组织育人的核心组织类群。象限三和象限四中的各组织（教学类组织、科研类组织、行政管理类组织），它们是通过其组织的业务职能来完成育人目标，所以它们也是组织育人的重要组成部分。其中，象限四中的各组织从空间距离上讲与学生群体直接接触、交互，所以它们较其他非党委系统组织在实现组织育人过程中有更多的便利条件。从以上分析可以得出各类组织的育人规律及特点。

（一）党委系统类组织育人的规律及特点

该组织类群的育人特点是直接通过思想政治教育达到育人目标。这类组织无论从业务职能、工作内容，还是方法手段、岗位职责，都统合在思想政治教育这个点上集中发力，即党委系统类组织直接通过思想政治教育这个路径达到育人目标。同时，这个类群组织在实施思政教育的过程中既有承担领导、指挥责任的组织（校党委、院党委），也承担着思政一线实施的主体责任（象限一、象限二）。这一特点提示我们，在三全育人的过程中一定要强化校、院党委组织的领导协调的力量和一线组织的执行力。

（二）非党委系统类组织育人的规律及特点

该类组织的育人特点是以教学、科研、行政管理等组织的业务职能作为载体来实现育人功能的。这类组织的育人功能是通过其组织本身2个层次的职能的实现而实现的。其中，教学、科研类组织与学生群体直接接触，并借助课堂、实验室等第一课堂进行知识传授和科学研究，完成第一层次的业务职能。同时这个业务职能又作为育人载体实施育人，即为组织第二层次的职能，最终达到该类组织育人功能的实现。而育人功能的实现取决于组织内部各环节是否直指立德树人这个总目标。这一规律特点提示我们，要关注这类组织各个组织内部体系中各环节与育人目标的同一性。

（三）组织育人合力的规律及特点

组织育人整体合力的大小取决于各组织的育人效率。高校的组织体系是一个庞大复杂的集合体，要想使这个集合体发挥出最大的效率，必须对组织体系的内在力量和组织间的育人力量进行整合，一方面，调动组织体系内蕴含的育人力量，另一方面，协调和汇集各类组织体系的育人之力，使各个组织的业务职能和各个环节始终聚焦在立德树人这个点上同向发力，如图 2 所示。

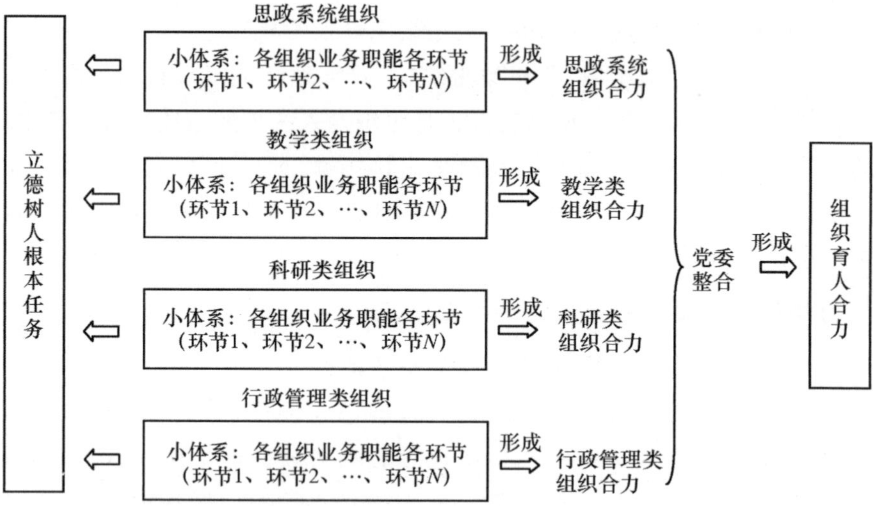

图 2　高校组织育人的合力规律

（四）组织育人的动态规律及特点

根据大学生的成长规律和年级特点，育人的组织、方法、载体和手段也会随之变化，特别是育人组织结构的变动更为明显。低年级学生群体具有班集体依赖性强、课堂学习为主等特点。此阶段的育人组织以思政系统、教学类组织为主，同时思政系统中的班级、团支部、学生会、学生社团等组织对低年级学生的影响也很大，所以这些组织共同构成低年级育人的主要组织群，在教育方法上多采取集体性活动教育和个性化教育相结合的方式。

高年级学生个性化需求增多，班级依赖性降低，学习方式从侧重课堂学习转入课堂学习加科研训练，所以这个阶段的育人组织在以思政系统、教学类组织为主的同时，科研类组织以及就业创业指导中心、研究生院等职能部门组织也加入其中。而随着学生年级的增长对学生的影响逐渐降低，对低年级学生影响较大的班级、学生社团等学生组织，在教育方法上宜采用以个性化指导为主的多元化方法。

上文对各类组织育人规律、特点做了梳理和分析，这对解决当前组织育人存在的主要问题提供了思路。当前的组织育人主要问题集中反映在两大方面，即各组织育人功能发挥问题和组织育人合力问题，要解决好这两大问题，需要构建一个科学合理的工作机制来实现。

三、组织育人工作机制构建

组织育人工作机制是为有效解决当前组织育人工作中存在的现实问题，提高组织育人的效率和质量，最终实现培养社会主义建设者和接班人的目标。工作机制的构建应遵循“三个规律、一个特点”，即思政教育工作规律、教书育人规律、大学生成长规律和年级工作特点，同时按照各组织育人功能实现的规律及特点，构建科学合理的组织育人工作机制。

（一）组织育人工作机制的架构和运行

组织育人工作机制的构建，首先，要突出党的全面领导，强化各组织育人功能的充分发挥，增强组织育人合力。其次，对于思政系统组织育人，要强化育人工作的层次性、系统性，以解决该类组织育人工作中的重复、分散的低效问题。最后，对于非思政系统组织育人，要在强化业务职能的同时，要注重各组织内部各环节的育人功能的实现，以此获得整体组织育人的高效。该机制包括以下3个部分。

1.组织育人指挥系统

该系统包括育人顶层设计系统、传导系统2部分，如图3所示。通过育人的顶层设计和任务传导，使三全育人工作扎实落地。

组织育人顶层设计和传导系统由校、院二级党委完成。组织育人顶层设计要对照中央关于育人的各项指示精神、遵循育人“三个规律”（思政教育工作规律、教书育人规律、大学生成长规律）来进行。校党委按照中央关于育人的指示精神进行创新性的顶层设计，从宏观层面上对各组织的育人职责、功能发挥、相互关系、力量整合等进行设计，同时通过各级党委工作规程、育人工作的实施方案、工作制度、各级各类会议等传导体系，领导、指挥和调配二级党委和职能部门力量，以保证育人职责和任务得到层层落实。

在育人工作中，学院二级党委既是领导责任者，也是主体责任者，既要落实学

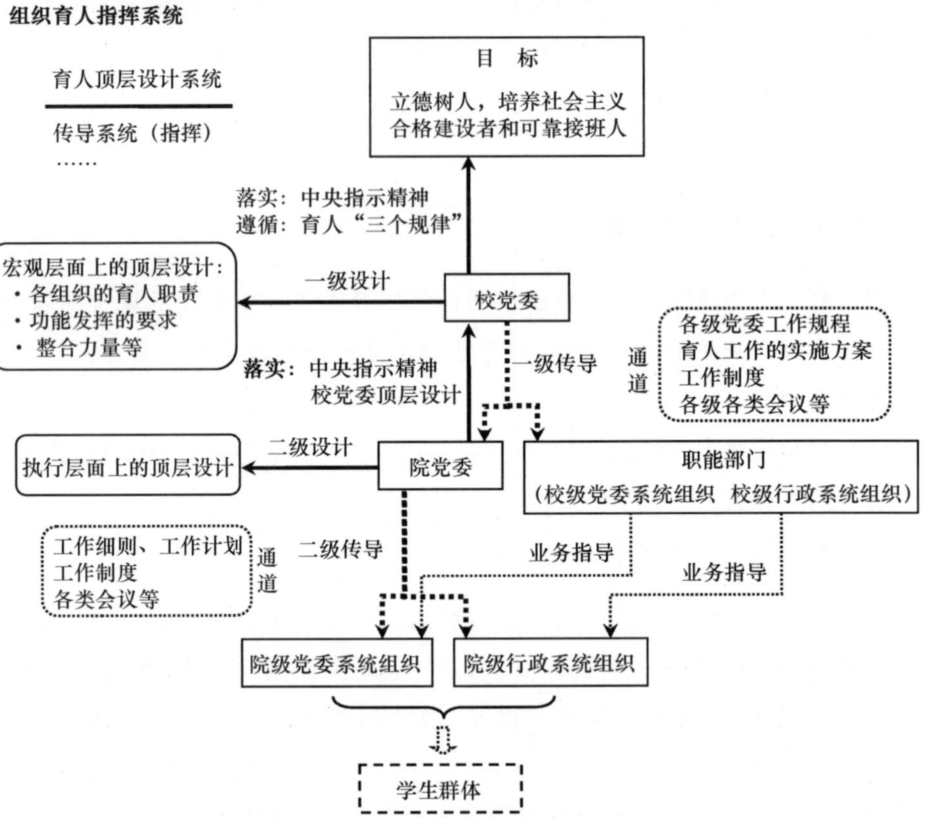

图 3　组织育人工作机制的指挥系统

校党委顶层设计内容，接受学校各职能部门的业务指导，又要对如何落实学校党委顶层设计进行落实层面的创新性的二次设计，形成育人执行层面上的顶层设计，同时还要对学院各组织进行扁平化的指挥。学院二级党委通过制度体系、院级工作方案、各类会议等压力传导体系，以指挥和协调学院内部各组织间在育人工作中的关系，整合学院各方资源，将育人任务落实到位。

2. 组织育人“联动—跟进”的动态实施系统

组织育人实施系统主要包括执行层面的组织体系、育人载体、育人方法动态体系、组织育人合力体系、组织育人跟进体系 5 部分。该系统中的各组织按照校、院二级党委育人工作的顶层设计，创新性的开展育人工作，如图 4 所示。

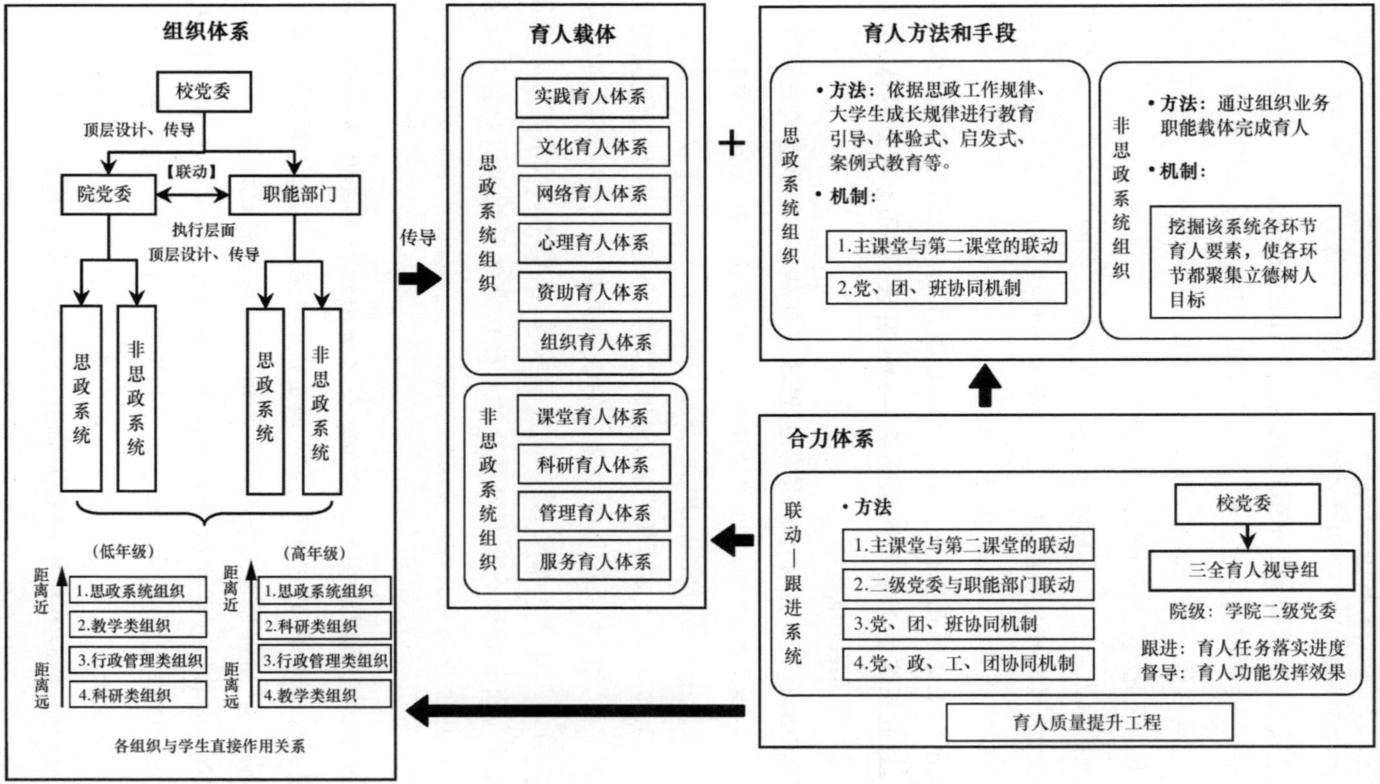

图4　组织育人工作机制的"联动—跟进"的动态实施系统

该系统是一个动态变化的过程，从组织体系上讲，随着学生年级的不同，各组织与学生群体接触的频率也会发生变化，即组织育人体系中的组织会随之变化。从育人方法手段上说，随着学生成长的需要和个性化的需求的增长，组织育人在借助的主要载体、方法手段的侧重上也会有所不同。从育人合力上说，无论是组织内部的小体系，还是组织间的大体系，都是一个协同、联动的整体。它们之间在互动之中形成合力。因此，它是一个动态的过程。

实施系统的育人组织体系的运行机制是在学校党委的领导下，学院党委、学校职能部门组织，按照学校党委的顶层设计，完成各自执行层面上的育人顶层设计，指导其所属组织实施育人工作。实施系统中的育人载体主要为十大育人体系。其中，思政系统组织主要依托实践、文化、网络、心理、资助、组织等业务载体直接开展思政教育，非思政系统组织主要依托课堂、科研、管理、服务等业务载体，通过业务职能的实现而实现育人功能。

实施系统中的育人方法和手段是依据思政工作规律、大学生成长规律实施教育引导而设计的，因组织类别和组织特征不同，所采取的育人方法手段也有所区别。思政系统组织主要通过党建、团建、班级建设、宿舍文化建设等，采用体验式、启发式、案例式教育等灵活多样的方法，借助主题活动、社会实践、志愿服务等平台开展思政教育工作，用“主课堂与第二课堂的联动机制”和“党团班协同机制”解决该系统内组织育人工作中的重复、叠加的低效问题，使思政系统组织育人工作更具层次性、系统性。而非思政系统组织是通过充分挖掘该系统组织业务职能各环节的育人要素，使其业务职能的各环节聚焦立德树人目标，使组织业务职能与育人职能高度融合。

实施系统中的合力体系是为激发和整合各类组织育人合力，提升育人效率而构建，主要包括联动体系、跟进体系、育人质量提升工程。联动体系中“主课堂与第二课堂的联动机制”是加强理论学习与实践相结合，提高思政教育质量的手段。该联动机制是要对应着思政课堂教学的内容和进度设计第二课堂的内容和进度，使理论与实践相互呼应，以此形成教学类组织和思政系统组织的育人合力。“学生党支部、团支部、班级协同机制”是提升学生组织系统内部育人合力的手段，学院二级党委在顶层设计时，将这些组织的育人职责、工作内容的层次及体系、组织分工等进行科学合理设计，使其教育的层次性、系统性凸显出来以增强组织育人合力。跟进体系是保证育人工作机制的有序推进和高效运行而设定，该体系要在设立专门督导组织的基础上，对学校、学院 2 个层面上的育人工作进行跟进和督导，提升组织育人效果。

3. 质量控制和保障系统

组织育人的质量控制和保障系统包括制度体系、考核评价体系、激励体系、反馈体系。该体系以育人目标为导向，对各类组织的育人全过程进行监督和调控。组织育人的质量控制和保障系统通过建立组织育人职责和定位、组织育人实施方案、组织育人激励办法、组织育人行为规程等制度体系、考评体系，规范各组织育人行为，激励和监督组织育人功能的充分发挥，通过育人工作队伍建设、师德师风建设，为组织育人实施提供优质人力资源，通过建立信息反馈系统，及时准确地将工作情况向学校党委沟通，以此达到对组织育人机制的调控与纠偏的目的。

(二)组织育人工作机制运行

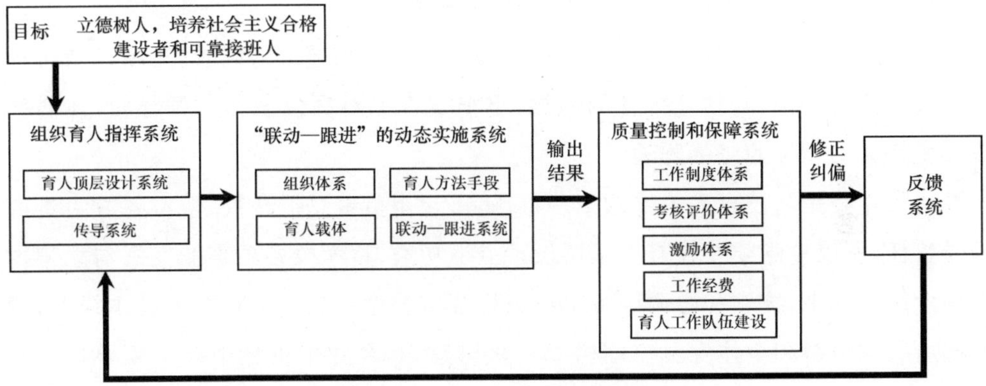

图 5　组织育人工作机制的运行

从图 5 可以看出，组织育人工作机制是个复杂的系统。而这个系统运行的基本规律是在立德树人这个目标的牵引下，以学校党委为总指挥，领导和协调各组织在育人工作中的关系，使各组织的育人功能的理念得到强化，同时学校党委通过传导系统将组织育人的顶层设计向下级组织传递至实施系统。而实施系统中的各组织在学校党委领导下按照顶层设计的要求，通过制度体系的规范和把控各类组织充分发挥组织育人的功能，通过对不同类别组织的育人侧重点和配合面的科学划分，保证育人工作的层次性和系统性，通过整合育人载体、育人方法保证组织育人工作的质量和实效，通过联动和跟进体系，保证实施系统中各环节的育人工作落实到位。

在以上3个环节的相互作用下，实施系统输出育人结果到质量控制系统，该系统对实施系统输出的结果进行质量考核和评价，并将评价后的结果进行处理，经过修正和纠偏，最后通过反馈系统将信息反馈于机制的最高端指挥系统，进行下一轮运行。

四、组织育人工作机制的实现路径

组织育人工作机制是为高质量完成立德树人根本任务，提高育人实效的做法之一，也是更好的落实“三全育人”的具体举措。该机制是通过强化各级党组织的领导和主体责任，协调各组织间的育人合力，挖掘各类组织育人功能的实现特点等构建出的，该机制的实现路径如下。

（一）加强党对高校组织育人工作的全面领导

全国高校思政工作会议上指出，我们的高校是党领导下的高校，是中国特色社会主义的高校，所以必须坚持党的领导，牢牢掌握党对高校工作的领导权，使高校成为坚持党的领导的坚强阵地。

高校党委是高校育人工作的第一责任者，它担负着总揽全局、协调各方力量的领导责任，所以校党委要在育人顶层设计上下功夫，将学校各项事业发展与立德树人理念统一起来，统领和协调好各个组织将各项工作自觉地落在育人的主线上，调动起所有党组织和全体党员牢固树立一盘棋意识，在党中央集中统一领导下齐心协力、步调一致开展工作，形成党的组织体系整体合力，这是组织育人工作机制顺畅运行的强有力的组织保障。

（二）推进制度体系建设，保障组织育人工作机制的规范运行

组织育人工作机制的有效运转条件之一是有健全的组织育人的工作制度体系。它对各级、各类组织的育人行为从制度层面上进行规范，以此保证工作机制运行效率。制度体系的建设要考虑到3个方面的需要：一是在思政系统组织的制度建设上，要突出政治功能与育人功能的合力，从育人实施方案、工作细则、工作规范、育人载体、育人方法、育人工作的考核评价体系等进行建设，形成制度体系；二

是在非思政系统组织的制度建设上，要突出业务职能与育人功能的融合。鉴于当前非思政系统组织更偏重于业务职能而忽略育人功能的实现这一情况，要借助制度建设，以育人目标为导向，重构非思政系统组织的育人功能定位，使这类组织业务工作的目标定位、业务各环节、考核标准等都统一到立德树人这一主线上，实现其业务职能与育人功能的高度融合；三是在合力制度建设上，要突出各类组织育人的有机联动，建立主课堂与第二课堂、二级党委与职能部门、党团班、党政工团等协同工作的制度体系，使各类组织间形成相辅相成、有机统一、集成联动的良好态势。各类组织在此制度体系保障下，充分发挥组织育人功能，提升工作机制的运转效率。

（三）加强政治建设，提升组织力，激发工作机制活力

加强政治建设是组织育人工作机制实现的又一重要途径。《中共中央关于加强党的政治建设的意见》中提出，党的政治建设是党的根本性建设，要旗帜鲜明地讲政治是我们党作为马克思主义政党的根本要求，坚持党的政治建设。目的是坚定政治信仰，强化政治领导，提高政治能力，净化政治生态，实现全党团结统一、行动一致。所以在高校育人工作中，要把政治建设放在首位，即各级、各类组织要强化"四个意识"、坚定"四个自信"、坚决做到"两个维护"，彰显组织的政治功能，使各类组织以政治建设提升组织力，释放出组织育人的活力。

组织育人工作机制的运行效率与组织体系的组织力强弱直接相关，而组织力的强弱又取决于各级组织负责人能力和水平的高低，所以提升组织负责人的能力和水平势在必行：一是政治能力，进一步加强政治理论学习和实践锻炼，切实提高组织负责人政策水平，保证读懂、吃透中央精神，提高把握方向、把握全局的能力，始终与党中央保持高度一致；二是战略思维能力，进行哲学思维训练，特别是马克思主义唯物辩证法的学习和运用，提高对全局性、根本性等复杂、重大问题的分析、判断、决策能力，进一步提高组织负责人对三全育人理念的理解把握以及对育人工作进行顶层设计的能力；三是业务能力，包括运用业务工作与育人工作融合的方法、技巧能力，运用各类育人载体的能力等，以保证组织力的提升。

（四）强化各类组织育人的特点，提升机制效率

组织育人工作机制的效率有赖于各类组织育人功能的充分发挥，党委系统组

织通过政治建设提升组织力，将校党委的领导核心作用、院党委的政治核心作用、党支部的战斗堡垒作用发挥到极致，形成"一级抓一级，层层抓落实"的局面，确保组织育人工作机制的运行。非党委系统组织通过"大思政"格局的构建，强化各职能部门业务职责与育人功能的结合，为工作机制增强组织合力。群团组织通过强化其政治功能，在充分发挥桥梁和纽带作用的同时，完成引导群众听党话、跟党走的政治任务。各类组织在充分发挥各自育人功能的同时，形成组织育人合力，保证机制运转的高效率。

第三部分

践行

扎实推进课程育人　建设高水平本科教育

——中国农业大学课程育人案例总结

■ 林万龙

百年大计，教育为本。高校作为人才培养的高地，必须始终围绕时代发展要求，肩负起服务国家发展战略、输送高素质人才的重要使命。为认真学习和贯彻党的十九大精神，把贯彻和落实全国高校思政工作会议和中共中央、国务院加强和改进新形势下高校思想政治工作的有关文件精神引向深入。中国农业大学坚持以立德树人根本任务，将课程育人列为学校重点工作，不断深化教学内容和教学方法改革，强化课堂价值观引领，促进各类课程与思想政治理论课同向同行，发挥课程育人作用。

一、强化组织领导，推进"三全育人"工作机制和体系建设

中国农业大学成立思想政治工作领导小组，明确责任，进一步强化了学校党委对高校思政工作的领导与部署，全面推进"三全育人"工作机制与体系建设。在发展决策上，中国农业大学始终体现教学的核心地位，加强课堂教学管理，发挥课堂教学作为人才培养的主渠道主阵地作用，提高课堂教学建设的责任意识，严格课堂教学质量，把社会主义核心价值观融入教育教学全过程，着力提升学生思想政治工作的质量与成效。

二、推动一流课程建设，抓好课程育人关键环节

习近平总书记强调，办好思政课程，最根本的是要全面贯彻党的教育方针，解决好培养什么人、怎样培养人以及为谁培养人这个根本问题。中国农业大学认真贯彻习近平总书记关于思想政治工作的系列讲话精神，不断强化办好思政课的责任意识并落到实处。

(一)全面推进思政课程综合改革,持续推进思政课程改革,加强铸魂育人工作

中国农业大学把思想政治理论课作为重点建设课程,着重修订相关学科马克思主义理论专业课程培养方案,将思政理论与实践育人入课程、入方案,不断加强当代大学生的理论学习与社会实践。中国农业大学整合全校资源,形成“多层次、多形式”育人模式,坚持价值塑造、能力培养、知识传授有机统一,打造系列思政“金课”,编写系列思政“金案”,充分挖掘校内外红色文化资源,传承红色基因,与曲周实验站等合作建设一批思政课实践教育教学“金地”。此外,在新一轮专业人才培养方案修订中,中国农业大学每年设立30万元的专项经费,大力支持马克思主义理论类核心课程建设和教学改革,通过组织教师开展马克思主义经典著作研读和习近平新时代中国特色社会主义思想学习系列活动、开展系统性的国情实践教育,并针对思政课教师开展专项教学能力培训,提升思政理论课程教师的教学水平与能力素养,切实增强思想政治理论课教育教学改革的实效性。

2016年,中国农业大学获得北京高校思想政治理论课教学改革创新重大项目立项。2018年1月,中国农业大学马克思主义学院申报的以问题为导向的“三三制”协同育人思政课综合改革示范点项目,获批北京高校第二批思想政治理论课教育教学改革示范点。“三三制”思政课程教学模式以问题为导向,在教学体系方面,实行理论讲授、专题互动、线上线下相结合和理论实践相结合的混合式教学体系,在教师队伍方面,建设包括专职教师、兼职教授和辅导员班主任在内的全员育人队伍,在教学阶段方面,构建包括入学教育、四年教育不断线和本研贯通衔接教育在内的全程教学,从而形成了学校“多层次、多形式”的大思政育人格局。当前,“三三制”教学模式已经广泛运用到学校思政课程教学中,丰富了思政课堂的授课形式,提高了学生的学习积极性。

(二)全力打造“金课”,带动一流课堂建设

课程是人才培养的核心要素,是体现以学生学习和发展为中心的最直接、最核心、最显效的基本单元。2019年,中国农业大学实行了首轮“金课”建设项目,全校以优中选优的方式遴选出2 625门核心建设课程,大力推动课程教学改革,构建以学生学习和发展为中心的新型课堂教学模式。课程既要体现创新性、高阶性,提升挑战度,又要支持任课教师围绕课程开展相关研究和实践,将思想政治教育与专业

教育相结合，在讲授知识的过程中传递正确价值导向，充分发掘和运用各学科蕴涵的思想政治教育资源。2019 年年底，中国农业大学将从 2 625 门建设项目中评选出学校第一批“金课”，树立课堂“样板间”。

(三)全覆盖修改课程“教学大纲”为“育人大纲”

2019 年 4 月，中国农业大学启动所有课程的教学大纲修订工作，明确每门课程的教学使命和愿景，将价值观教育纳入课程的教学目标和教学内容，把课程教学大纲转变为课程育人大纲，实施情怀教育“入方案、入课堂、入实践”，强化学生服务社会报效国家的情怀。

三、打造育人平台，强化课堂价值观引领

2016 年，中国农业大学持续推进“专业课发挥思政教育功能”教改专项，支持教师将思想政治教育与专业教育相结合，推动更新教学内容，改革教学方法，挖掘专业课教学中的德育内容与素材，探索专业课教学中隐性与显性德育功能相结合的教学方法。课下利用具有思想政治教育功能的网络资料和开放性课程作业，培养学生学习和接受思想政治教育的积极性、主动性。经过三轮三年建设，学校共支持“专业课发挥思政功能”教改项目 109 180 项，并以此为辐射点，构建了“五个一”工作体系，形成了学校课程育人的良好氛围。“五个一”工作体系包括：“一本成果集”，即由本科生院联合党委教师工作部共同编制了《专业课发挥育人功能专项教学改革成果集》；“一系列报道”，目前在校新闻网刊登的 15 篇专题报道，学校官方微信平台就课程育人专题进行了多次推送，此外还完成一期“课程育人”校报专刊。中国教育报对中国农业大学课程育人进行了专题采访，教育部官网多次报道学校课程育人的经典案例。课程育人系列报道较好地宣传了任课教师挖掘育人元素、开展思想政治教育的经验做法。中国农业大学接下来的工作还将聚焦在“一次成果展”，即举行专业课发挥育人功能专题成果展；“一场研讨会”，即开展项目交流研讨会，促进经验分享和共同提升；“一批示范课”，即遴选部分成果作为示范课项目，从而推动形成课程价值观教育的良好氛围。

四、建立经常化、制度化的课堂教学质量评估制度，提升教学质量

中国农业大学对本科教学质量工作的高度重视，全面梳理和修订了《本科教学

工作规范》《本科教学事故认定和处理办法》《教学检查管理办法》《教材选用管理办法》等教学规范文件，在制度上保证了专业教育与思政教育的同向同行，建立校、院二级领导听课制度，严格落实校领导听课制度。为全面贯彻落实习近平总书记思政教育工作的系列讲话精神，2017年以来，除校领导听课外，对各相关职能部门负责人也明确了全校思政课程的具体听课要求。中国农业大学专门设立思政课程视导专家，全过程督查思政课程建设质量，并在教学视导中强化思政视导，构建知识传授与价值引导并行的质量标准。从视导听课结果统计来看，教师在教学态度、教学内容、教学方式、教学管理等方面均有所改善，尤其是课堂育人功能得到教师的重视与加强，92.3%的课程能在课堂教学中积极发挥课堂育人主渠道功能。

依托教师教学发展中心和党委教师工作部开展系列培训，不断加强高水平教师队伍的系统规划，特别是强化专业教师的教书育人的使命感和责任感，把德育意识的培养纳入教师的日常培训体系，修订教师聘用、考核、晋升、奖惩体系，把师德师风与教学质量共同列为教师专业技术职务评聘、绩效考核和津贴分配的“一票否决”依据，引导教师重视教学质量，坚持教书与育人并重，言传与身教合一。此外，中国农业大学还修订了教育教学奖励办法，完善教学激励与考核机制，进一步加大教学奖励支持力度，强化课堂教学质量要求，充分调动教师从事教育教学工作的积极性，体现教育与教学的有机统一。

五、不断加强教材选用的建设与管理，建立教材选用的长效机制

一是成立中国农业大学哲学社会科学等重点教材选用工作领导小组，修订《中国农业大学教材选用管理办法》。该办法从教材选用的原则、要求、管理和程序等方面，对本科生和研究生教材选用严格规范。

二是规范马克思主义理论研究和建设工程（简称“马工程”）重点教材使用。目前，中国农业大学已出版教材的相应课程全部按规定统一选用了马工程重点教材，并免费为任课教师提供教师用书，作为本科生院、学院留存样书，方便教师查阅。此外，中国农业大学还在教学管理信息系统课程信息模块中，要求任课教师将课程的指定教材、参考书添加到信息系统中，并增加学院审查环节，将教材选用管理工作常态化、规范化。

三是持续跟进“翱翔计划”“添翼工程”等项目，图书馆专门采购一批马工程重

点教材，对家庭经济困难学生给予资助。通过增购中国共产党思想理论资源数据库等的方式进一步丰富马工程重点教材的在线阅读资源，方便师生学习使用。

四是通过组织各学院开展校内外观摩和示范培训，安排马工程重点教材相应课程的有关人员积极参加上级组织的专业培训、观摩活动和马工程重点教材编写委员会组织的各项活动等方式，确保“先培训、后上课”。

五是启动教材“双百”建设工程，按“系列化、精品化、立体化、数字化”的思路，依托优质课程建设，打造近100部学校规划教材和特色教材（含数字教材）；评选约100部校级优质教材，鼓励公共基础课及非优势专业选用高水平教材，以优质教材保障一流本科教学，用优质教材夯实育人根基。

深入一线　服务“三农”　产、学结合

——中国农业大学“科技小院”研究生科研育人模式创新

■ 郭鑫　史博　刘宇　王铁

2009年，为打破农业技术推广“最后一公里”的难题，中国农业大学发挥学科优势，积极引导专业教授与各地基层农业技术人员建立起了以“科技小院”为中心，研究生常年扎根的农业技术示范推广体系。目前，中国农业大学已在全国20多个省区市采用“农业科研院所+地方政府部门+农资生产企业+农业生产企业”等形式，建立了82个科技小院，形成了覆盖全国主要作物体系的全国科技小院网络。

作为科研育人模式的创新，“科技小院”培养模式是将研究生实践平台从传统的校园第一课堂和实验室、学校实验台站直接转移到农村一线。通过这种培养模式，一方面参与的研究生可在科技小院所在地区的农民的田里做试验，针对农业生产中的关键技术问题开展研究；另一方面可以多种形式、多种身份参与农业技术推广与社会服务工作，促使其全面接受认识关、生活关、感情关、科技关的考验和训练，引导研究生树立正确的政治方向、价值取向、学术导向。

一、“三段式”培养，构建产、学结合研究生科研育人培养新模式

结合教学的科研环节育人，关键是要把教学和科研有机结合起来，相互促进，共同育人。“科技小院”研究生培养分为三段式：第一段是入学前的实践，每年4月确定录取名单后，“准研究生”来到“科技小院”进行1个月的实践，主要目的是使研究生通过亲身体验适应与融入当地环境，培养“三农”情感；第二段是研究生一年级秋学期在校完成课程学习、文献准备、落实研究方案；第三段是研究生深入“科技小院”所在区域农业生产一线，开展与课题有关的研究工作，时间为2～2.5年，将研究与社会服务结合，这个阶段要求研究生长期驻扎农村“科技小院”，集中精力进行论文研究和服务“三农”的工作。

二、多角色参与，探索高层次、应用型农业人才培养新路径

“科技小院”通过让研究生参加科学研究活动，并在教师指导他们开展科学研究的过程中，培养和提高学生的思想品德和科研能力，以实现高校育人的目标。

首先，研究生作为学生参与“科技小院”实践活动，通过在农民的田地里做试验，开展技术集成创新，完成课题研究。如河北省曲周县“科技小院”研究生针对当地小麦生产关键问题，采用集成精播和氮肥后移等技术，在农民田里与农户一起实施。这一过程锻炼了研究生科学系统地发现、分析和解决问题的能力。

其次，研究生要作为“教师”，服务广大农民，参与农民科技培训、开办农民田间学校。针对所在村主要作物体系的生产技术需求和问题，查阅文献，请教专家，然后对学员进行系统培训。这一角色培养了研究生良好的语言表达和沟通与协调能力。

最后，研究生作为地方和企业的农技人员，投身农业建设，参与农技服务。这样既可以检验研究生的专业技能，又能服务当地农村发展，弥补农村技术推广力量的不足。研究生伍大利因工作能力强，被该县 21 个农民合作社推举为联合社理事长。金穗“科技小院”的李宝深同学因工作能力强、技术过硬，在培养期间即被所在的金穗集团任命为广西香蕉育种与栽培技术工程研究中心常务副主任。

三、秉持“四零”宗旨，建立农业科研成果转化的新模式

“科技小院”是一个集农业科研创新、人才培养和社会服务等功能为一体的平台。工作中坚持“四零”宗旨：“零距离”，下村入户开展面对面的农民培训和手把手的技术服务；“零时差”，针对田间出现问题，争取第一时间发现、研究并加以解决；“零门槛”，让不同层次、年龄、身份的农民可无障碍地得到技术培训和服务；“零费用”，要求技术人员自带设备、自备交通工具、自己解决食宿，有效地推动了科研院所农业科研新成果的转化，服务了农村和地方企业的发展。

（一）引进、研究和示范了多种农业新技术

“科技小院”的研究生先后研究、引进、校验并推广了小麦、玉米、水稻、西瓜、苹果、菠萝、香蕉等 10 种作物的高产高效生产新技术，集成高产高效生产技术模式，

仅曲周、梨树、建三江、金穗和徐闻“科技小院”研究生就引进、研究农业技术39项。依托“科技小院”，研究生完成了103个田间试验，建立了47个各类技术示范基地，示范和推广各类农业新技术应用200多万亩。

(二)培养了农村科技人才

“科技小院”研究生先后参与开展了900多场农民培训，培训农民4万多人次；开办了10所农民田间学校，培养了200余名农民科技带头人。

四、发挥组织优势，依托学科背景，育人成果和社会效应双丰收

在“科技小院”试验站开展工作的研究生党员长年驻扎在生产一线，他们不仅锻炼了业务素质和实践技能，而且还深入了解了“三农”实际、感悟了“解民生之多艰、育天下之英才”的中国农业大学校训，培养了与群众的感情，增强了从事农业科研、服务“三农”的责任感和使命感，为推动学校科研成果转化和地方农业发展、农民增收，加强基层党组织的建设做出了重要贡献。他们也因此获得了国家、学校、地方政府和企业授予的多项荣誉和奖励。其中《依托“科技小院”培养农科应用型研究生的模式改革与实践》荣获2014年国家级教学成果二等奖；《科技小院大舞台服务“三农”育英才——中国农业大学研究生科技小院实践活动》获得2015年第八届高校校园文化建设优秀成果评选一等奖；研究生党员曹国鑫在国际顶级学术刊物《自然》上发表了《科技小院让中国农民实现增产增效》研究论文；研究生党支部2015—2018年多次荣获北京市红色“1+1”示范活动一等奖和二等奖。

学思践悟　知行合一　振兴乡村
培养有情怀、有知识、有能力的“三农”人才

■ 张银

党的十九大以来，中国农业大学以强烈的时代责任感和历史使命感，在全体师生中掀起全面学习宣传落实党的十九大精神和习近平新时代中国特色社会主义思想的热潮。围绕十九大报告关于乡村振兴的重要论述，中国农业大学立足新时代，把握新思想，在“学、思、践、悟”中深入推进十九大精神和习近平新时代中国特色社会主义思想学习宣传和教育实践，积极引导青年学子围绕党和国家的工作大局，投身于全面建成小康社会的时代变革大潮流中，了解国情、认知社会、砥砺才干、锤炼品格，积极践行社会主义核心价值观。

一、主要做法

（一）加强学习和宣传，引导青年学生深入思考，为实践做好思想和理论准备

坚持推进第一课堂与第二课堂的深度融合，将寒假社会实践作为思想政治教育课程的实践环节，纳入学分管理；坚持推进基层团组织集体学习，将学习十九大精神与习近平新时代中国特色社会主义思想作为全校团员青年主题教育团日活动开展，依托团支部，集体学习、集中备课，分工明确，以不同形式参与到宣讲准备工作中，保证同学们多种方式学习，既开展了学习教育活动，又为实践做好前期准备；坚持推进思想理论类社团示范引领学习，成立习近平新时代中国特色社会主义思想研习社，与学校青年马克思主义者协会、农村发展研究会、社会主义核心价值观践行团等思想理论类社团率先开展专题学习、知识竞赛、主题论坛活动，充分发挥学生骨干在理论学习、宣传和研究党的最新理论成果中的“发动机”和“领头羊”作用，营造学习党的十九大精神和习近平新时代中国特色社会主义思想浓厚氛围。

(二)翔实的谋划和设计,组织青年学生积极行动,让学习转化为实践作为

1.深入乡村,开展宣讲活动

实践团队结合对党的十九大和中央农村工作会议精神的学习,围绕乡村振兴怎么看、怎么干、带来什么等问题,深入乡村开展宣讲工作。例如,生态文明传播协会团支部确立了“五个一”任务深入每个乡镇和农户,即讲精神,每村开展一场宣讲活动;送技术,每村组织一场农业绿色生产技术培训;摸村情,每村开展一次农业产业和村情调查;听民声,每村搜集一个农民期盼解决的问题;建队伍,每村筛选一批科技农民示范户。

2.积极服务乡村振兴战略

结合学校专业优势,针对乡村产业、教育、生态文明建设、农村基本经营制度等问题开展调研工作,并在调研地开展帮扶农产品营销、支教支农、农业技术培训等实践活动。2018 年寒假,学校选拔 11 支实践小队共 66 名学生,分别前往四川省雅安市戴河村、四川省宜宾山勾勾农业科技有限公司、广西壮族自治区田东县、云南省临沧市镇康县勐捧镇 4 个实践基地开展活动。

(三)认真总结和交流,帮助青年学生领悟和体会,将成果内聚为成长能力

1.多种形式开展总结和交流

在全校范围内征集宣讲优秀案例,以学习心得、学习随笔、调研报告、情景再现、新闻视频等多种形式全方面展示同学们的实践过程与成果,并进行成果汇报与交流活动完成从学习、实践到领悟的整个过程。

2.广泛宣传实践过程与成果

充分运用微信、微博等新媒体手段,提升实践效果。

二、活动成效

以“农科学子聚力乡村振兴”为主题的社会实践活动,校级组织 11 支实践团队,院级依托团支部重点组建 298 支实践团队,足迹遍布全国 344 个乡镇,充分结合农科特色,与农民面对面宣讲、膝对膝交谈,把新思想、新技术送到农民身边,实现全校青年学生参与活动的全覆盖。

通过"学、思、践、悟"的顶层设计，增强对学生知行合一的培养，通过采用丰富多彩的实践方式，如政策宣讲、实地调查、志愿服务等，利用通俗易懂的语言、具体翔实的数据，和老百姓一对一帮扶，为振兴乡村服务，切实把学习实践转化为学生的政治觉悟、理论修养、思想水平、工作能力、道德品行的全面提升，培养青年成为有情怀、有知识、有能力的"三农"人才。

三、活动评述

"农科学子聚力乡村振兴"主题寒假社会实践活动是中国农业大学实践育人工作的一次有益探索。

（一）将社会实践与服务国家相结合

紧扣乡村振兴主题，围绕党的十九大精神提出的推动绿色发展、实施乡村振兴战略、实现农村农业现代化的目标，积极宣讲乡村振兴战略和绿色发展理念，深入基层结合专业特色积极服务乡村发展，助力乡村振兴，把习近平总书记的关怀和党的政策温暖送到农民心坎上，实现教学相长，培养和锻炼中国农业大学学生服务乡村振兴的家国情怀。

（二）将理论学习与实践相结合

从"学习者"到"宣讲者"，利用团组织的优势开展活动，既做好自身的学习，又为实践做充分准备。在积极服务乡村的过程中使广大师生进一步深化对乡村振兴战略的理解，激发青年学生们助力乡村振兴的热情，切实做到学懂、弄通、做实。此次社会实践活动充分发挥了实践活动的育人功能，为青年学子提供了长才干、展才华的全方位立体平台。

品读经典　研学理论　以文化人　润物无声　全面提升师生文化自信

——“稼穑书香”读书读经典系列活动介绍

■ 张晓星　郝琦伟　姚沫男

一、活动背景

书籍是人类知识的载体，是人类智慧的结晶，是人类进步的阶梯。读书可以让人保持思想活力，让人得到智慧启发，让人滋养浩然之气。中国农业大学是一所拥有深厚历史文化底蕴的百年老校，具有浓郁的学术气息，“稼穑书香”读书读经典系列活动的全面开展是学生所需，也是育人之基。学校通过好书推荐、经典诵读、读书分享、抄阅经典、品牌培育等活动形式，引导广大学生研读马克思主义理论和中国特色社会主义理论成果，研读中外优秀文化学术典籍，坚持用习近平总书记重要著作和系列讲话精神武装头脑，营造浓厚校园阅读氛围，从而提升学生的人文素养和文化内涵，培养“多读书、读好书、好读书”的良好习惯，进一步坚定“四个自信”和为实现中华民族伟大复兴的“中国梦”不懈奋斗的信念。

二、主要做法

（一）开展“稼穑书香—理论研讨”系列活动

依托青年马克思主义者协会等理论社团，结合学生党员“两学一做”学习教育，定期举办“学理论、读经典”交流会，开展“青春在党旗下绽放”大学生党员先锋论坛，围绕马克思主义经典和当代马克思主义创新成果开展理论学习与研讨活动。其中，青年马克思主义者协会为会员制订了“五个一读书计划”，即“参与一次读书交流、拟定一份读书清单、推荐一本好书、精读一本理论著作、撰写一篇读书笔记”，同时通过有计划地开展理论学习、聘请专业指导教师、借助读书微课建设等带动党员骨干、理论学习新媒体联盟建设，从而覆盖全体学生党员并争取辐射更多的积极分子、共青团员，营造一股"形式上创新、氛围上轻松、内容上有实效"的理论学习新风尚（图1）。

图1 青年马克思主义者协会举行《习近平谈治国理政》读书分享会
党委书记姜沛民、党委副书记宁秋娅出席

（二）开展"稼穑书香—经典推荐"系列活动

通过院士、学者、优秀校友等推荐经典著作，分享读书体验，引导广大学生学会选书、学会读书；积极开展知名学者读书讲座、院士荐读、图书漂流、毕业季"学长的火炬"等活动；在图书馆增设"红色书架"和"中华传统文化书架"（图2）。

（三）开展"稼穑书香—书声琅琅"系列活动

围绕活动主题，举办经典诵读活动，培养学生的阅读兴趣，引领学生走进书的精神世界。征集广大师生群体中的好声音，以红色经典、传经典为内容，在专业人士的指导下制作音频、视频作品，通过新媒体平台的传播和发布，传播书香正能量（图3）。

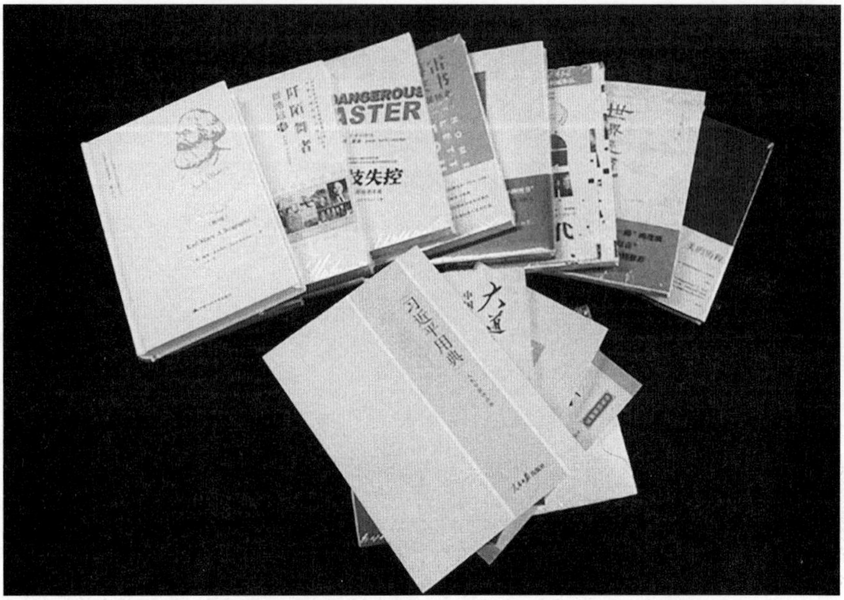

图 2　2017 年中国农业大学各学院党委书记、院长推荐书目

图 3　开设公众号设“为你朗读”专栏

（四）开展“稼穑书香—抄阅经典”系列活动

通过举办“篇章年华”“读不独”等抄阅经典的活动，以师生对书法艺术的兴趣推动经典的传播。组织专家对师生作品进行评选，优秀作品在文化艺术馆集中展示，使广大师生不断加深对经典书籍的记忆和理解（图 4）。

图 4　水利与土木工程学院举办书画展，展出离退休老教师、老校友及在校师生等的作品 126 幅

（五）开展“稼穑书香—读书分享”系列活动

组织学生党支部、团支部、班级、学生会、社团等积极开展读书分享活动，在不断交流中碰撞思想，深刻领悟“读书之法，在循序而渐进，熟读而精思”的读书要义（图 5）。

（六）开展“稼穑书香—品牌培育”系列活动

通过开展“读书达人”“书香社团”“书香班级”“书香宿舍”等评优活动，遴选一批热爱读书的个人、集体和品牌项目，通过宣传报道，发挥其引领作用。

三、活动成效

中国农业大学深入推动“稼穑书香”读书读经典系列活动，积极引导学生转变碎片化阅读、网络化阅读和浅阅读的阅读习惯，将读书与实践、集中组织与自主阅读、线下活动与线上阅读相结合，鼓励大家扎下身、静下心、读好书，从经典著作和

图 5　中国农业大学校研会主办“1905 读书会”，师生共读《共产党宣言》

深度阅读中汲取营养、增长智慧、提升能力，找到正确的人生方向和理想价值。经过 3 年的探索，中国农业大学已经建成了处处可读的“书香校园”，培养了一批时时想读书的青年学子。“1905 读书会”开展 3 年来，得到广大师生的一致好评和社会各界的广泛关注，人民网、光明日报、北京青年报、中国社会科学网、凤凰网等都进行了相关报道。在不断地实践和探索中，“稼穑书香”读书读经典系列活动也形成了一些特色与经验。

（一）高度重视，精心组织

把组织开展“稼穑书香”读书读经典系列活动和“两学一做”学习教育活动有机结合，加强组织领导，明确职责分工，保证工作落实。

（二）结合实际，突出主题

结合实际开展丰富多彩的特色主题活动，注重引导广大学生加强对马克思主义理论著作、习近平系列讲话精神、中华传统文化经典等的阅读，突出活动主题，形成特色品牌。

（三）创新形式，增强实效

充分发挥专家和学者、关心下一代工作委员会（简称“关工委”）老同志和学生组织的作用，结合理论学习教育、新生引航工程、理论名家讲堂、基层党团组织建设等开展工作，充分利用各种载体形式，增强吸引力和感染力。

媒体矩阵带动双线合璧　形成网络育人新合力
——中国农业大学“易班”网络育人模式创新

■ 伍越

近年来，中国农业大学积极开发网上平台和媒体渠道，结合本校实际情况创新网络育人工作模式。其中，在推动易班网建设方面，成果显著。在易班网建设中，学校把育人理念融入线上线下工作实践中，在双线融合发展上下功夫，易班不仅融合了论坛、社交、博客、微博等应用，也在其中加入了为在校师生定制的教育信息化一站式服务功能，为提升网络育人质量做出了有益的尝试。

一、创新理念，再塑机制，打造高校思政教育新平台

自2014年开始，中国农业大学把易班网的建设作为大学生思想政治工作的重要建设任务，多次召开专题会议研究，明确了易班网的建设思路和运行机制。“CAU易班网”没有照搬传统的易班模式，而是将“打造一个师生满意的综合性育人平台”作为建设目标，通过广泛征求意见、反复调研论证，制定了具体的建设方案。“CAU易班网”建立了校党委学生工作部指导管理、易班发展中心负责日常运行维护、学校相关职能部门协同联动的“1+1+N”工作机制，为实现学校育人资源的有效整合和高效利用提供了平台。在内容设计上，“CAU易班网”聚焦学生的学习生活，加强思想引领和互动交流，开设了“党旗飘扬”“思政在线”和“投票调研”等多个栏目，实现了将思政教育、学术成长、生活娱乐三者的有机整合。在功能设计上，“CAU易班网”在保留“我的易班”个人空间原有功能的基础上，还关联了师生个人空间，实现了集信息发布、教育引导、师生互动、资源共享、宣传展示于一体的综合性服务功能。此外，“CAU易班网”还注重美工设计，使网页更具时代感，体现青春朝气。

二、以人为本，优化人员，构建知行合一的践行队伍

作为活跃在思政教育和网络育人前线的专职辅导员队伍，我们承担着学生成

长和成才的第一责任,同时也是开展工作最为得力的队伍。中国农业大学在利用易班网开展网络育人工作时,便将与之匹配的师资队伍组建完毕,由各学院一线思政工作辅导员和学生骨干组成,各党政机关和学院负责人配合,并针对不同群体开展不同形式的培训,提升育人理念,提高和培养具体操作技能,将"CAU 易班网"的使用落在基层、落在学院、落在班级。除了发挥辅导员和骨干教师的力量外,我们还应充分利用学生的主观能动性和积极性,成立易班发展中心,积极发挥学生的主体作用,将"围绕学生、关照学生、服务学生"的递进理念融入平台建设、管理、维护中,提升广大学生的网络应用能力和网络媒介素养。易班发展中心下设 7 个工作部门,其包括:战略规划部、运行管理部、文化创意部、技术开发部、对外联络部、采编组和办公室。通过该中心培养专项、专业学生人才,并把这些加入易班平台建设中,通过学生角度实现网络育人。

三、扩展功能,搭建平台,以实践为动力带动多向发展

除了针对"CAU 易班网"的建立外,中国农业大学还开设了"易班学院",从另一个平台开展育人工作,最大限度地发挥了线上线下双结合、双发力的作用。其主要目的是帮助广大学生了解新媒体技术发展与应用趋势,提升网络媒介素养和网络应用、文字写作、图文处理、美学鉴赏等多种能力,培养一批"懂宣传、懂网络、懂学生"的校园新媒体学生骨干,有效发挥校园新媒体在学生思想政治引领、综合素质提升、创新意识培养等方面的作用。"易班网"课程形成"理论 + 实操"的践行模式,包含课程"新媒体时代的新闻宣传""新闻采写实务""Photoshop 实用技术""网页制作入门"等实用性课程,将网络育人落实到切实的活动和培训中,从而让更多学生从中受益,获得真实的体验感,完成育人的最终目标。

四、打造多媒体矩阵,形成网络传播环状新合力

随着新网络时代的来临,学生们获取信息的方式已不仅仅局限于网站平台,而是更多地选择微信公众号、微博、短视频、定制 App 等方式。因此,整合网络渠道,统一发声口径,创新发声渠道,则显得尤为重要。通过打造中国农业大学本校的中央厨房,实现信息互通和高速传播,让网络育人的平台更广阔,渠道更新颖。中国农业大学在开发"CAU 易班网"时,也着重对其他网络平台进行改造和联合,将

"CAU易班网""新媒体联盟""易班发展中心"3个重要渠道集中管理,优化资源配置,丰富活动形式,构造"农大中央厨房"。例如,在开展下属品牌"易班网络文化节"时,通过多个发声渠道进行宣传,获奖作品可以在"CAU易班网"、易班网企业号——"易班在线"以及各院新媒体等平台宣传展示,高质量优秀作品推荐至北京市乃至全国进行宣传展示,在扩大了影响力的同时,也发挥了网络育人的作用,丰富了师生的网络休闲生活。

"CAU易班网"的建设为进一步拓展网络育人空间、掌握网络育人规律、提升网络育人质量积累了经验。充分挖掘"互联网+"的教育潜能是做好新时代大学生思想政治工作的关键所在,伴随着网络新技术的不断运用与发展,网络育人工作也必将由各自为战的"星星之火",发展为协同育人的"燎原之势",探索构建网络育人长效机制,将成为实现全员育人、全过程育人、全方位育人的重要一环。

夯实基础　打造特色　提升心理工作育人实效

——结合学生实际工作案例分析

■ 钟姝　施钢　周蜜　宋京晶　李冬梅

2017年12月4日，教育部出台的《高校思想政治工作质量提升工程实施纲要》指出，构建心理育人质量提升体系，着力培育师生理性平和、积极向上的健康心态，促进师生心理健康素质与思想道德素质、科学文化素质协调发展。中国农业大学心理素质教育工作严格遵循“发展为本、教育为首、预防为主、治疗为辅”的工作原则，注重夯实基础深入基层，整合多方资源实现心理意识教育全覆盖，并构建多项长效工作机制，形成鲜明工作特色，促进心理育人工作实效。

一、整合多方资源，实现心理健康意识教育5个全覆盖

中国农业大学充分整合多方资源，实现5个心理教育服务全覆盖：一是学校开展理论授课和实践活动各占1/2，共计32学时的“大学生心理健康”必修课，实现学生心理健康“普及教育”全覆盖，年平均授课2 600人次。二是每年针对全体新生开展心理普查并对全体学生提供一对一的结果查询，问卷呈阳性的学生，通过邀请信开展深度访谈，每月针对全校学生开展心理异常情况排查，实现学生心理状况“普查排查”全覆盖。三是除春节7天假期外，心理中心每周7天，上午、下午、晚间和假期全时段开放心理咨询服务，实现“心理咨询时段”全覆盖，年均咨询量3 500人次。四是为每个学院派驻专业心理老师，每周固定时段派驻学院工作，实现“心理老师派驻学院”全覆盖，获得学院高度肯定，心理老师年均开展学院工作200小时。五是针对所有新生班级开展一次适应主题的团体心理辅导，实现每年100多个“新生班级团培”全覆盖，学生反馈满意度达95%以上。全覆盖式的心理教育服务，保证心理知识普及和维护身心健康的意识教育人人到位。

小A是一名刚入学的大一新生，在全覆盖的班级新生团培中，培训师发现她站得离大家都很远，开始活动后也站在一边，几乎没跟身边的同学交流。于是，在培

训间歇，培训师有意识地跟她聊天，发现小 A 本来就内向和自卑，到了大学，发现身边的同学都很厉害，更觉得自己与他们有较大差距，不敢去表现和加入集体。培训师一边鼓励她，一边将她的情况反馈给学院和中心。她所在的学院的辅导员和她的班主任都有意识地安排她为集体做一些事情，增加跟同学们的接触。心理中心老师通过必修课程关注她，鼓励她自我展示并给予积极反馈。小 A 慢慢地开朗了一些，她尝试预约了心理中心的咨询，经过多方面的共同帮助，期中以后，小 A 已经跟大多数同学有说有笑，对自己的评价也更客观、更自信。从这个案例我们可以看到，全覆盖的心理服务便于我们对学生异常情况的早期发现，同时从不同方向给予多样的帮助，创造良好的氛围促进学生的发展。

二、打造朋辈互助品牌，实现朋辈的自助成长、互助和谐

2003 年，中国农业大学率先在全国提出了“心理委员”概念和在学生与班级中增设“心理委员”的工作思路，并逐步在全校建立了心理委员模式的朋辈互助长效工作机制，从而形成从学校、学院、班级、宿舍到学生个体的五级心理委员体系(图 1)和“四级三阶 108 个学时”的培训体系。通过科学选拔朋辈心理咨询员，发挥其示范和引领作用，中国农业大学定期开展系统培训，使其不但具有帮人之心，更掌握助人之法，并提供专业实践平台，发挥学生间桥梁和纽带作用。

小 B 上大学前一直是尖子生，刚上大学有一些松懈，到了期中开始突击复习时，却发现专业课吃力，后来就干脆投入游戏的天地不可自拔，每天晚上都打到深夜，上课反而成了补觉的时候，不仅黑白颠倒，连基本的作业有时都抄袭或者完不成。小 B 同学的情况由宿舍长告知给班主任，最终给予及时的干预和挽救。这个案例中小 B 的很多情况，其身边的同学，尤其是宿舍的同学可能是最早发现的。学生的很多状况待学院发现的时候常常都是红灯高挂，覆水难收。所以培养朋辈互助团队对于开展心理育人的工作可达到事

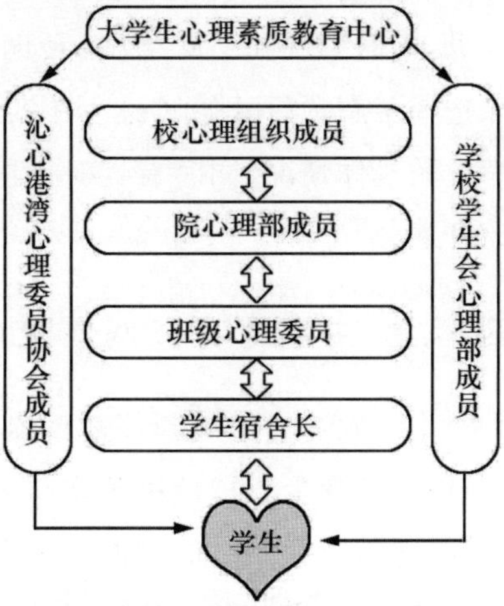

图 1　五级心理委员体系

半功倍的效果。

三、建立专业老师进学院的长效机制，夯实学院的基础工作

2012年起，心理中心大胆创新，根据咨询师专业能力以及个人特长，将咨询师分为咨询服务型、培训授课型和指导学院型三大类进行管理。每个学院确保配备一名指导学院型咨询师，并以3～4人为一组，由中心专职老师对接管理，每周在固定时段，深入学院指导工作，逐步构建兼职老师分类管理，专业老师深入学院的长效工作机制，取得了良好效果。

专业老师派驻到学院，针对学院特色和实际工作需要，对学院的班主任、辅导员、研究生导师，学生心理骨干等相关人员开展专项培训，指导学院开展心理危机的早期筛查和预防工作、指导学院开展丰富多彩的心理健康教育活动，在提升心理工作人员专业素质、营造温馨有爱的学院环境和人文环境方面起到了重要作用。

小C是学院的研究生导师，近年来，他发现研究生的培养难点不仅仅体现在学术能力上，学生的一些心理状况也是其中之一。2019年，小C就遇到这样一位学生：小C分配给他的项目不愿意做，坚持做自己想做的，到了开题阶段出不了成果的时候，心里极其焦虑，天天跑到小C这哭，让小C帮忙，说毕不了业就天天来找导师，小C感觉自己情绪也很崩溃。幸亏学院有具体指导的专业老师，小C先自己去找专业老师聊了聊，缓解了自己的情绪，然后又从专业老师那获取有针对性的意见，同时学院和小C合力，帮助学生平复情绪，延迟一年毕业。该学生重振信心，并选择了新项目开始实验。在实践中，我们发现专业老师进入学院可以及时了解学院的具体情况，同时有针对性地给予学院各种支持，帮助学院心理育人工作更好地开展。

四、构建"井字型"防护网，预防心理恶性事件的发生

中国农业大学不断探索高校心理危机的"早期发现、科学预防、有效干预"的措施，构建了学生心理危机预防与干预工作的"井字形"防护网，从"主体维度、空间维度、时间维度、过程维度"四个维度上，创新和开始了"走访学生家庭、为学院配置专业老师，学校设立危机学生看护宿舍、加强对宿舍长专业培训"等工作做法，逐步形成了"四到位、四延伸"的工作模式(图2)，深入学生家庭，把危机干预工作延伸到

"最后一公里"，实现了对学生心理危机事件的"尽早发现、及时报告、积极应对、科学评估、主动干预、有效防护、安全转介和妥善处理"。

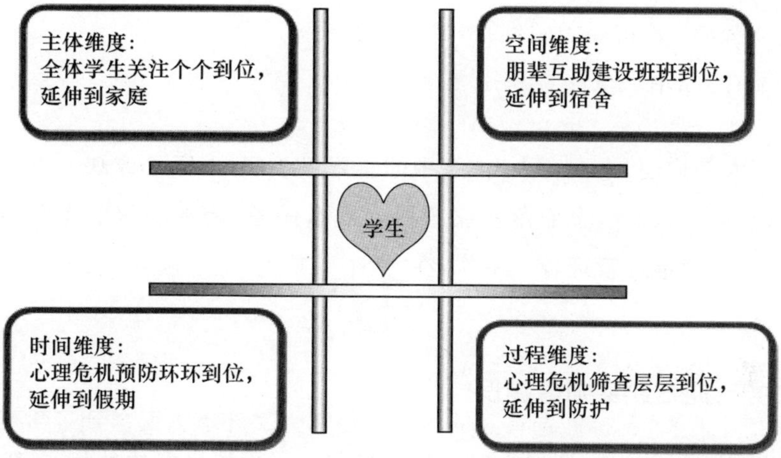

图 2 "四个维度"工作模式

小 D 高中就被诊断为抑郁，想要结束自己的生命，被成功干预后在专业精神科医院住院 2 个月(然后)回到学校上课。在校期间，学校不仅根据防护网的安排，进行了从学院、宿舍到心理咨询多重保障。同时，假期心理中心走访了小 D 家庭，了解其家庭的具体情况，减轻其背负的心理包袱，缓解其家长的担心和焦虑情绪，提出针对性、专业性和操作性的指导建议，联合学院针对该学生和其家庭的实际情况，有针对性地开展帮扶和干预工作，最后获得了该学生和家长以及其所在学院的一致好评。

中国农业大学三大举措助力管理育人

■ 张远帆　付国强

管理育人是构建“十大育人”体系中的重要组成部分，不可或缺。近年来，中国农业大学坚持党的领导，全面落实立德树人根本任务，始终以学生为中心，大力实施三大措施，持续推进管理育人工作，在“六个下功夫”上下硬功夫、下苦功夫，取得明显成效。

一、品德为先，抓好抓实师德建设

完善师德建设，首先，要树立坚定的理想信念。高校优秀的教师、管理人员、支撑教辅人员一定要将立德树人作为教育的本质要求和根本任务，不断提高自身的师德水准、加强建设高素质的教育体系。其次，高校师德建设要求全体教职工拥有高尚的道德情操。教师要有扎实的知识功底，要有仁爱之心，要始终以“四有”好老师的标准要求自己；管理和支撑人员更应该清楚于生活中关心，于细节处育人，注重科学性、针对性、灵活性。全体教职工的品德对高校学生的影响是任何东西都不可能代替的。中国农业大学在认真做好师德建设方面采取了以下措施：一是理顺体制。单独设置教师工作部，并由学校党委直接指导，配备专职的力量人员，开展专业的工作，做到专门督促，并取得专项成效。二是严格师德考核，将“一票否决制”落到实处。中国农业大学出台的《中国农业大学师德考核实施办法》，完善了师德考评体系，细化了考核指标，将定性与定量相结合，给予基层党组织充分信任，为全体教职工提供综合、客观和准确的评价，制定师德“一票否决”实施细则，把师德要求融入评聘考核环节，对违反师德的教职工严肃处理，坚持每年评选表彰一批师德先进和优秀教育工作者、优秀党员，年度考核优秀必须师德考核优秀，发挥榜样示范作用，推进管理育人。三是完善师德监督机制。个人自觉践行是养成良好师德素养的关键，但人无完人，监督机制是必不可少的。中国农业大学成立了党委巡察督导办公室监督巡查小组，设立意见箱、网络信箱，召开师生座谈会等多种形式，征求大家对管理部门的意见与建议。另外，中国农业大学对管理部门实施绩效考核，予以薪酬激励，开展最广泛、最直接的监督。这样既有利于管理人员快速了解全校师生的要求，又能够加强全校师生对管理服务的理解；既是提高管理服务效率的有效促进，又是影响学生价值观，做好管理育人的重要载体。

二、制度为基，健全完善制度体系

截至 2018 年 5 月，中国农业大学共有 490 余条现行的规章制度，其中，有 130 余条制度与“管理育人工作”直接相关，主要包括学校管理机制、职能部门及学院的管理制度，教师的思想政治教育和师德建设，教职工的选聘、晋升、考核，学生思政建设和教学管理等内容，是管理育人的重要载体。

（一）加强党的全面领导，坚持政治引领

《中共中国农业大学委员会关于加强和改进新形势下学校思想政治工作的实施意见》《中共中国农业大学委员会关于进一步加强教职工理论学习工作的实施意见》等，在全校范围内加强全员的理论水平，《教职工党支部工作规程》《教职工党支部工作考核评估办法》《中国农业大学党内评优表彰办法（暂行）》，在党组织内加强党员的思想建设。

（二）突出行政服务，注重理顺管理机制

《关于坚持和完善党委领导下的校长负责制的实施办法》《党委常委会议事规则》（2017 年修订）等，明晰学校管理体系与职权关系，《关于执行“三重一大”决策制度的规定》（2017 年修订）、《中国农业大学督查督办工作办法》，确保相关管理工作能够有序、高效地执行，《学院党政联席会议事规则（试行）》，为学院的管理工作指明方向。

（三）强化思政教师建设，提升专业化水平

《中国农业大学马克思主义学科人才引进办法》《中国农业大学马克思主义学院校内兼职教师聘任办法》《中国农业大学马克思主义学院校内兼职教师聘任办法》《中共中国农业大学委员会关于加强和改进新形势下思想政治理论课建设和马克思主义学院建设的若干意见》《中国农业大学辅导员队伍建设实施细则》《中国农业大学学生思想政治教育系列专业技术职务聘任办法》，增强思政教师队伍的建

设，提升业务能力和素质，解决工作中、职业发展中面临的难题，进而提升水平，增强效果。

（四）及时更新相关规定，为管理育人保驾护航

2年来，教务和学生管理等部门出台、修订了大量制度文件，涉及教学管理与规范、教师的工作指导以及学生的日常起居，课程学习与实践，学生评优评奖，学生社团、活动等方方面面，例如，《学生申诉管理规定》（2017年修订）、《学生违纪处分规定》（2017年修订），这些规定的修订都是为适应新时代人才培养的要求，做到与时俱进，维护管理工作中学生的合法权益。

三、能力为要，提升管理育人幸福感

高校管理人员是实施管理育人的关键因素，在管理育人过程中获得满足感和幸福感，这不仅关系到管理人员工作效率和工作的可持续发展，更关系到作为其服务对象的学生和老师工作的成效、育人质量。

（一）要提高认识，明确管理工作的重要性

一流的大学，不仅需要一流的学科、一流的专业和一流的教师，更需要一流的管理。管理是机构运转的中枢系统，尽管成效体现不如教师产出那样明显，但影响深远，无处不在。

（二）分层、分类开展技能培训和管理素质培训活动，助力其提升管理能力和服务水平

对于新入职管理人员，有计划、分步骤地做好新上岗人员的教育和培训；对于具有一定管理经验的人员，鼓励其到海外高校进修，专职学习高校行政管理；激励他们到地方去挂职锻炼，积累丰富的地方工作经验；对于新聘任中层以上的管理人员，开展集中的培训教育活动，帮助其快速转变角色，胜任工作岗位。

（三）加强实践活动，积极搭建教师、学生、管理人员的交流平台

帮助管理人员了解时代形势，把握思想潮流，遵循高校教育的发展规律，了解师生需求，加强对教师专业、育人工作的理解，通过师生的优质表现和学校声誉的提升等，直接反映出管理人员的价值，助力管理人员以其人格魅力或实干精神等潜

移默化地影响学生，带动学生，培育学生，实现师生共赢，促进管理育人的有效统一。

（四）奖优罚劣，予以有效激励

结合管理工作的特点，在保障正常有序的状态下，对在管理服务工作中做出突出贡献，展现优秀品质的人员要及时予以奖励，并发挥其榜样作用，提升管理育人工作的获得感和幸福感。

“参与体验式”助力服务育人案例

■ 郭昱静　胡亚男　肖志刚　马国玉

一、工作思路

为了学习党的十九大精神，深入贯彻和落实全国高校思想政治工作会议和中共中央、国务院加强和改进新形势下高校思想政治工作有关文件精神，结合中国农业大学工作实际，有效推进《2018 年思想政治工作质量提升工程实施方案》，中国农业大学在服务育人方面进行了探索，努力搭建与学生沟通的平台，开展多项共建活动，让学生充分参与服务管理，深入了解服务过程，实施服务行为，深刻体会服务工作的艰辛复杂，培养学生吃苦耐劳、踏实勤勉、恪尽职守的优秀品质，树立独立思考、换位思考、全面思考的能力。同时，中国农业大学利用学生创新能力强、宣传途径多、影响范围广的优势，让学生成为后勤的监督员、信息员和宣传员，并不断加强后勤员工的服务育人意识，拓宽育人路径，增强育人水平，提高服务育人工作的参与感，将育人工作融合在日常服务工作中。

二、工作的具体做法和亮点

（一）设立勤工助学岗位，组建后勤学生助管团队，充分参与后勤行政管理

后勤保障处于 2017 年 3 月 24 日正式成立学生助管团。助管团设立了一系列详细的管理机制，如量化的工勤制度、明晰的工作职责、明细的工作分工等。学生在后勤保障处综合办公室的指导下，协助接听和完成咨询电话，回复校长信箱，接待来访人员等日常行政工作。

（二）组织学生权益座谈，建立服务连接，共谋后勤服务大计

每年定期组织与校学生会、研究生会权益部、常代会的主要负责同学以及学生代表进行座谈交流。在座谈会上，学生代表提出对后勤服务工作的需求和建议，交

流同学们重点关注的权益问题。双方讨论达成共识，做到有落实、有反馈，能做的马上做，不能及时做的，列出清单尽快制订方案并反馈信息。在交流过程中，服务主体和服务对象深入沟通、了解情况、交换意见，并要求学生在提出问题的同时，提出适当解决方案，调动学生发现问题、提出问题、应对问题的主动性和积极性，从而达到提高学生沟通、协商和解决问题的能力，架构学生与服务者、服务部门之间沟通的桥梁，形成自我服务和学校服务的合力，提升后勤服务水平。

三、开展宣传活动，搭建学科实践平台，携手服务师生

开展“世界水日”“节能宣传周”“食品安全周”食堂开放日、土豆文化节、厨艺大赛、菜品免费试吃、校园景观设计等形式多样的共建活动。在为资源与环境、水利与土木工程、园艺相关专业的学生发挥专业优势、提升实践能力，提供有效平台的同时，活动的开展也能得到具有相关学科背景的学生们的专业指导。此外，作为学生群体的一员，立足学生角度，根据学生的精神需求，参与谋划活动方案，反馈活动感受、意见和建议等能够使作为服务对象的学生转换为服务主体，激发他们为学校服务贡献自己的一份力量。

这些做法最大的特点就是让学生走出课堂的思政教育模式，从日常行政管理、后勤服务规划、后勤服务活动等方面全方位、全过程参与和体验后勤服务管理，在工作过程中能发出自己的声音，以主人翁的姿态为学校的各项服务献言献策，提高解决问题的效率，为后勤服务管理形成强大的助力，促进后勤的管理服务水平提升。同时，提高学生自身“自我管理、自我服务、自我教育”的能力。

四、工作成效

参与体验式育人是后勤服务育人的尝试探索，对服务对象和服务主体都产生了积极影响，达到了“双赢”的效果。

（一）服务对象：学生个人能力得到培养，自我服务能力增强

一是学生的责任意识和规则意识得到培养。通过真实的职场环境体验，养成了良好的工作习惯，为未来的职业生涯打下坚实基础。二是学生的主人翁意识进一步提升，通过学生权益座谈和学科实践活动，亲身参与到服务过程，实施服务行

为，用实际行动为自己和同学们发声、做事，自我服务的意识和能力明显提高。2018 年 9 月，学生助管队伍自发组建后勤学生助管宣传团队，创建 CAU 后勤小生公众号，及时发布后勤工作的相关通知、新闻等，肩负起后勤服务宣传员和信息员的重任，为后勤工作起到了很好的宣传作用和辐射带动育人的效果。

(二)服务主体：后勤员工服务育人意识受到激发，工作热情更加饱满

一是服务育人意识有所提升。通过与学生交流互动机会的增多，后勤员工进一步认识到后勤是高校服务育人的重要阵地，每个人都是不上讲台的老师，肩负着教育青年学生的责任和义务，要结合自身实际工作，落实服务育人的重任。二是服务品质得到提高。学生参与体验后勤管理服务工作后，提出的需求使后勤工作更加具有针对性。饮食服务、宿舍管理、校园交通以及商业服务能够从根本上更加满足在校师生的食、住、行等生活需求，教职工的幸福指数也能得到提升。

中国农业大学“四位一体”资助育人工作实践

■ 吴华杰

为实现全员、全过程、全方位的资助育人工作目标，中国农业大学成立学生资助工作领导小组，由党委学生工作部（学生处、武装部）、党委研究生工作部、教务处、财务处、教育基金会、校团委等职能部门组成，领导小组负责研究学生资助工作的重大事项，研究各部门之间如何统筹协调，从而实现物质帮助、道德浸润、能力拓展、精神激励等全员资助育人。

一、经济资助

学工部下属的资助中心负责指导学院完成认定经济困难学生的经济状况，具体举措包括与学生面谈、收集学生的家庭经济情况调查表，督促学生完成资助问卷调查等，从多个角度来综合认定学生的家庭经济情况，提高认定的准确性。财务处（校园卡管理中心）为资助中心和学院提供学生校园卡消费情况，有利于学院掌握学生的经济状况，为实施精准资助提供依据。

二、精神资助

精神资助主要是为经济困难学生提供精神力量支持，让学生精神愉悦，情绪饱满，态度积极。心理中心开设系列成长小组，为经济困难学生在自我适应、校园生活适应、学业适应、人际关系适应、情绪情感适应、职业发展适应等方面提供专业的指导和帮助。

资助中心联合团委开展“大北农文化之旅”系列活动，为经济困难学生提供走进国家大剧院、北京音乐厅欣赏高雅艺术的机会，同时校团委也积极请进高质量的文化艺术讲座和展演，引进“北京国际电影节优秀电影展映”“北京交响乐团农大专场音乐会”“西安鼓乐社专场演出”等展演活动，从而提高学生的艺术修养和鉴赏能力。

三、能力拓展

（一）学业资助主要通过第一课堂和第二课堂的有机结合，实现学生德、智、体、美、劳全面发展

2015年，中国农业大学教务处组织了全校培养方案的修订，按照“德才兼备、全面发展、通专平衡、追求卓越”的人才培养理念，确定本科人才培养的总目标是：培养德、智、体、美、劳全面发展，具有宽厚的人文与自然科学基础、扎实的专业知识与实践技能、富有创新精神与能力的拔尖创新人才和行业领军人才。通过思想政治理论课程改革、公共外语课程改革、基础课程改革、体育教学改革、计算机类课程改革、公共选修课改革等系列改革，使通识教育达到让学生具备正确处理人与人、人与社会、人与自然关系问题的能力。

除了课程设置之外，教务处还牵头构建完善的学业指导体系。其主要措施为：组织专业教师团队开设各类新生研讨课，面向各学科专业的新生进行学科引导；每学期进行学业状况分析，排查学业异常，指导各学院学业帮扶；由知名教授、院长、书记、行政管理人员担任学业咨询师，提供个性化学业指导服务，已有咨询师76位，每学期完成300余人次咨询；引入课后答疑制度，486门核心课程任课教师每周固定时间地点为学生答疑解惑、指导学业；定期开展专题讲座和交流会，帮助学生合理规划学业，每学期10余场讲座惠及学生2 000余人；针对家庭经济困难学生开展学业资助，从改善学习条件、加强学业指导和搭建发展平台入手，帮助学生提高学业水平；指导学生成立学业发展协会，依托学客空间等平台开展学习活动，取得良好的传帮带效果；利用学校官方微信企业号开发定向信息推送、预约咨询、家长平台等功能，实现师生互动、家校互通、共促学业；每年编印数千份学业规划、专项学业指导资料。

（二）由团委主导的第二课堂活动侧重于通过组织丰富的校园文化活动、引导学生加强自我教育、自我管理，促进学生全面发展

通过推行对“第二课堂成绩单”进行全过程的记录，注重对学生的过程评价，这为学生个性化成长方案的追踪、评估提供基础。中国农业大学资助中心在教务处、团委开设的能力培养课程和活动之外，再根据学生的个性化发展需求开设一些特

定的能力发展资助项目，如翱翔计划、新生扬帆计划、添翼工程项目等。为经济困难学生开设雅思班、托福强化班、英语四级辅导班、Photoshop 实用技术课程、校园媒体理论与实践课程、英语作文批改、期末专题复习讲座等学生感兴趣的发展项目做支持，为经济困难学生的发展助力。在就业资助方面，就业指导中心为经济困难学生提供职业生涯规划咨询、求职技巧提升培训、实习项目、就业项目推介等。资助中心还设立了"大北农"困难学生学业与职业发展基金，开展"大北农"暑期学校资助项目等。在学院层面，各学院则为经济困难学生制定个性化的成长档案，定时追踪、评估、反馈学生学习、生活状况，帮助学生调整状态，促进学生成长成才。

四、价值引领

价值引领主要依靠马克思主义学院和团委联合设立相应的课程教学、实践项目、资助中心组织特别的活动来引导学生树立社会主义核心价值观，培养学生的感恩、回报社会的意识。为加强学生思想政治教育社会实践活动，马克思主义学院和团委联合开展多种形式的社会实践活动，实践内容包括社会调研（国情调研、热点问题专题调研）、人物事件访谈（现实生活中的优秀人物访谈）、历史考察（身边历史事件访谈、校史考察、家乡社会变迁考察）、"理想信念熔铸"系列实践（社会主义核心价值观践行与传播和中华优秀传统文化体验与推广、国情国策研究与宣讲、高校大学生思想政治状况调研"诚信守法人生"系列实践（校园诚信法治活动实践、校园模拟法庭实践）、寒暑期社会实践、志愿服务等。资助中心重点建设"新长城自强社""公益服务队""启曦之家"等受助学生组织，鼓励学生积极参加公益实践，通过实践活动塑造学生的世界观、人生观、价值观，引导学生感恩、立志、成才。

加强党的领导　发挥组织育人功能

■ 华博　武镒

为积极贯彻落实党的十九大精神、全国高校思想政治工作会议和全国教育大会精神，中国农业大学水利与土木工程学院按照学校党委要求，坚持和加强党的领导，围绕立德树人的根本任务，深化完善组织育人机制和措施，从强化组织育人功能、加强组织育人合力、提升组织负责人育人能力、选树组织育人典型等方面积极探索做好组织育人工作。

一、配强新生班级思政队伍，强化组织育人功能

中国农业大学水利与土木工程学院党委以加强党的领导为统领，围绕坚持以立德树人为根本任务，学院党委认真统筹调研谋划班主任工作，牵头组织调配新生班主任工作，建立健全组织育人机制。在 2018 级 7 个新生班级实行双班主任制，即每个班级配备 2 名班主任，由康绍忠院士，院党委书记沈立峰，院长严海军，副院长杜太生、李云开、王朝元，土木系教工党支部书记丁敏 7 位学院党委委员分别担任班主任，并从留学归国优秀人才、从事思政教育研究的马克思主义学院教师中选聘了 7 位优秀青年教师与党委委员搭档配合，直接参与指导学生理想信念、能力发展指导等方面的工作；抓住新生“坚定理想信念、树立发展目标、适应大学生活、掌握学习方法”这一关键期，在学院党委统一指导下，通过多种途径积极拓展思政工作的“广度”和“深度”。

二、建立党团班一体交流机制，加强组织育人合力

近年来，中国农业大学水利与土木工程学院党委为进一步加强组织育人合力，注重思政工作的顶层设计，统筹协调学院各组织在育人工作中的关系，确保各组织育人功能的充分发挥，提高育人实效。

水利与土木工程学院党委牵头搭建党支部与班、团组织沟通交流平台，以党、

团、班一体化共建的方式开展社会核心价值观和学业职业发展教育，收到明显的育人效果。例如，水利与土木工程学院党委委员康绍忠院士带头发挥党支部育人的政治优势，加大对学生群体的理想信念教育力度，并亲自策划水利研究生第一党支部与水利本科班联合举办以“理想，在大一起航”为主题的大学生成才规划交流会，邀请优秀党员代表和已经毕业的优秀党员校友与新生展开交流。大学生第一党支部在党委委员副院长、“长江学者特聘教授”杜太生的带领和指导下对接水利184班班委、团支部，对学生进行核心价值观教育，并引导同学们积极向党组织靠拢，激发入党热情。党委牵头党支部与班、团共建的工作模式，形成了支部与学生和班级有效沟通与交流机制，为组织育人合力提供了良好的基础。

三、抓组织负责人能力提升，提高育人质量

组织的育人质量高低与组织负责人的能力水平密切相关，教师是育人的关键施动者，要育人产生实效就需要育人者育人工作水平提升先行一步，水利与土木工程学院党委、领导班子形成明确共识，强化主体责任担当，抓牢做好积极性调动、核心价值引领和思政教育理论与实践技能培训，提升党建工作组织力，加强“教工党支部书记、系主任、班主任、辅导员、研究生导师、青年教师、管理人员、学生组织党员骨干”等育人者和协同育人者的培训和指导，在业务能力上明确提出育人质量要求。教工党支部以“七个有力”建设推进落实“三全育人”，选优配强班主任、辅导员，严格遴选研究生导师，结合系统培训和专题辅导、督导，建立班主任、辅导员、研究生导师与学生深度辅导案例督导制度，以“青年教师导航计划”为载体，立足教学基本功提升，助推青年教师在业务上和思路认识上获得成长；支持建设一批“样板”科研团队（教研室/课题组）先行先试等。水利与土木工程学院党委有针对性地强化“全员”在各阶段人才培养方位、过程中的育人措施和贡献，让育人者围绕“把立德树人作为教师的首要职责”这一主题，重温习近平总书记对全国广大教师做“四有”好老师、“四个引路人”“四个相统一”的要求，认真贯彻党的教育方针，自觉承担岗位使命和责任。

四、选树组织育人典型，发挥示范引领作用

中国农业大学水利与土木工程学院党委十分重视育人典型的树立，充分发挥

典型的示范引领和带动作用。例如，以康绍忠院士团队为代表的水利系教工党支部，在完成自身支部建设的同时，将教学、科研与育人工作融为一体，并带动教师将育人工作从第一课堂延伸到第二课堂，为学院组织育人树立了榜样。该支部在2018年入选教育部首批"全国党建工作样板支部"培育创建单位。康绍忠院士团队围绕立德树人的根本任务，长期从事农业节水与水资源高效利用研究，扎根奉献西北旱区，培养出一批批有理想、有作为、有担当的学子，为促进我国农业水利与土木工程学科发展、提升国际影响力、服务奉献国家重大战略需要做出了突出贡献，2018年其事迹被《人民日报》、新华社、《中国教育报》等20余家媒体宣传报道。2019年年初，康绍忠被评为"第十四届北京市优秀思想政治工作者。"

中国农业大学水利与土木工程学院党委牢牢抓住立德树人这一根本任务，大力推进思想政治工作质量提升工程，在组织育人建设上，探索和实行了"双班主任"制以及党、团、班一体交流机制一系列切实有效的做法，充分发挥了学院党委、党支部、群团组织等组织育人的作用，并取得了较好的工作成效。

第四部分

附录

中国农业大学文件

中农大人字〔2017〕11号

关于印发《中国农业大学马克思主义学院校内兼职教师聘任办法》的通知

校属各单位：

为加强思想政治理论课建设，吸纳和凝聚更多优秀专家学者和党政管理人员参与思想政治理论课教学，根据上级有关规定，制定了《中国农业大学马克思主义学院校内兼职教师聘任办法》，经学校第2017—11次党委常委会研究通过，现予以印发，请遵照执行。

中国农业大学

2017年4月13日

中国农业大学马克思主义学院校内兼职教师聘任办法

第一章　总　则

第一条　为加强思想政治理论课建设，吸纳和凝聚更多优秀专家学者和党政管理人员参与思想政治理论课教学，根据中央《关于加强和改进新形势下高校思想政治工作的意见》和《普通高校思想政治理论课建设体系创新计划》中关于设立思想政治理论课兼职教师岗位的要求，制定本办法。

第二条　校内兼职教师（以下简称“兼职教师”）的聘任对象为校内符合条件的教师和党政管理人员。

第二章　聘任条件

第三条　兼职教师应具备以下基本条件：

1. 具有坚定正确的政治方向，坚持以马克思列宁主义、毛泽东思想、邓小平理论、“三个代表”重要思想、科学发展观为指导，深入贯彻习近平系列重要讲话精神，全面贯彻党的教育方针，在思想上政治上行动上与以习近平同志为核心的党中央保持高度一致。

2. 根据思想政治理论课教学需要，具有讲授相关专题教学内容或组织开展思想政治理论课实践教育的能力和条件。具有马克思主义理论学科背景、有思想政治理论课教学经历且教学效果优良的教师、党政管理人员优先。

第三章　岗位职责及聘任程序

第四条　兼职教师应参与思想政治理论课教学（含课程讲授、专题教学和实践教学）及马克思主义学科相关专题的研究。

第五条　兼职教师候选人可通过马克思主义学院学术委员会直接提名，分党委（党总支、直属党支部）推荐、个人申请等多种方式提名。

第六条　兼职教师候选人必须经所在单位同意和党组织审核把关，由马克思主义学院学术委员会遴选后报学校人事处备案。拟聘人选必须经过试讲、培训等相关程序，考核合格后方可聘任。

第四章　管理与支持

第七条　马克思主义学院向兼职教师颁发聘书，聘期 3 年。

第八条　马克思主义学院根据思想政治理论课教学的统一设计，安排合适的兼职教师参与教学活动。兼职教师参与科学研究和学科建设活动，由马克思主义学院结合科研团队以及学科建设工作需要进行协调安排。

第九条　马克思主义学院与兼职教师签订聘任合同，对兼职教师在聘期内应承担的教学和科研任务、报酬待遇等做出明确规定。

第五章　附则

第十条　本办法由马克思主义学院负责解释，自发布之日起施行。

中国农业大学党政办公室　主动公开　2017 年 4 月 13 日印发

中共中国农业大学委员会文件

中农大党发〔2017〕40号

中共中国农业大学委员会关于进一步加强和改进新形势下基层党支部建设的实施意见

各分党委(党总支、直属党支部)、校属各单位:

为深入贯彻落实党的十八届六中全会关于全面从严治党的部署与要求，贯彻落实全国高校思想政治工作会议精神及北京市委关于加强和改进新形势下北京高校党建工作意见等，结合中央巡视整改落实工作，提高政治站位，不断加强和改进学校基层党支部建设，健全基层组织、严格组织生活、规范党员管理，不断增强基层党支部的创造力凝聚力战斗力，巩固和发展学校党的建设与“双一流”建设相互促进的良好局面，提出以下实施意见。

一、指导思想与总体要求

1.加强和改进新形势下基层党支部建设的指导思想是:高举中国特色社会主义伟大旗帜，全面贯彻党的十八大和十八届三中、四中、五中、六中全会精神，以马克思列宁主义、毛泽东思想、邓小平理论、“三个代表”重要思想和科学发展观为指导，深入学习贯彻习近平总书记系列重要讲话精神和治国理政新理念新思想新战略，牢固树立“四个意识”，紧紧围绕立德树人和“四个服务”根本任务，从严从实开展党内政治生活，加强党内监督，严肃党的政治纪律政治规矩，切实增强党内政治生活的政治性、时代性、原则性、战斗性。树立党的一切工作到支部的鲜明导向，持之以恒抓基层打基础，把支部建成教育党员的学校、团结群众的核心、攻坚克难的堡垒。

2. 加强和改进新形势下基层党支部建设的总体要求是：坚持党委统一领导，以党章党规为根本遵循，不断完善基层党支部的体制机制，强化主体责任与功能发挥，健全党支部工作规程与考评办法，严格“三会一课”等党的组织生活制度，建立健全“两学一做”学习教育长效机制；坚持继承和创新相结合、“点线面”相结合，鼓励基层党组织不断探索创新；坚持实践标准，聚焦中心工作，发挥主体作用，提高群众对党支部作用发挥的满意度。

二、主要措施

（一）强化层层抓基层党支部建设的责任制

3. 完善基层党支部建设工作责任体系。学校党委、二级党组织、基层党支部是支部建设工作的责任主体，其中，学校党委负有领导责任，党委书记为第一责任人，主管副书记为直接责任人，党委常委认真履行分管领域党建工作的责任；二级党组织负有直接领导责任和组织责任，二级党组织书记为第一责任人，二级党组织委员履行分工责任；基层党支部负有实施责任，党支部书记为第一责任人，党支部委员履行分工责任。健全和落实校、院两级领导班子成员、党委委员、职能部门负责人联系基层党支部工作制度，保证在职教职工党支部全覆盖，不断扩大学生党支部覆盖面。

4. 建立、健全定期研究基层党支部建设工作制度。各二级党组织将党支部建设列入党政联席会重要议题，每学期至少听取一次党支部书记汇报，至少专题研究一次党支部建设工作。学校党的建设工作领导小组定期研究分析二级党组织抓基层党支部建设的经验与不足，对加强和改进基层党支部建设进行部署、指导与检查。学校党的建设工作领导小组定期向学校党委常委会汇报基层党支部建设工作进展，集中研究解决基层党支部建设中遇到的困难和问题。

5. 建立、健全党支部工作三级联述、联考、联评和督查指导制度。学校党委将抓基层党支部建设工作纳入党委、党员领导干部述职考核评议内容，加强二级党组织书记抓基层党建工作述职考核评议，定期组织基层党支部工作考评与督查。各二级党组织加强基层党支部书记述职考核评议，对党支部建设进行经常性督促检查和指导。在上级党组织指导下，党支部书记和支委会定期向党员大会报告工作，接受党员群众的民主评议和民主监督。

（二）强化党支部的政治属性和服务功能

6.始终把思想教育作为首要任务。落实《中国农业大学“两学一做”学习教育常态化制度化实施方案》（中农大党发〔2017〕31 号），坚持用党章党规规范党支部和党员行为，坚持用习近平总书记系列重要讲话精神武装头脑、指导实践。丰富党员教育内容，深入挖掘学校红色基因和优良传统教育资源，发挥老中青党员“传帮带”的理想信念教育优势，整合校内外各种党性实践锻炼载体。针对不同党员群体的成长需求，坚持马克思主义中国化最新理论成果的教育培训，增强师生党员理想信念教育的实效性。

7.强化教职工党支部的功能。党支部要宣传、执行党的方针、政策和上级党组织的决议，做到上情下达。经常听取党员群众的意见和建议，了解掌握师生员工的思想情况和正当诉求，及时发现基层存在的问题并向上级党组织反映，做到下情上达。教职工党支部书记通过列席党政联席会、提议设置党政联席会有关议题、组织党员讨论等多种方式参与研究学院重要事项，教职工党支部书记参加系（部、处）务会，研究决定系（部、处）重大问题。党支部要向有关部门提供干部、教师“德”的评价，把好政治关、师德关，认真贯彻落实关于意识形态工作的决策和部署，提高政治鉴别力和抵御防范意识形态渗透能力，开展师德师风建设，发挥党员专家教授的引领和示范作用，帮助青年教师业务成长和政治成长。加强党风廉政教育，坚决执行和维护党的纪律。

8.严把发展党员质量关。贯彻落实《中国共产党发展党员工作细则》，严格党员发展程序，严格规范入党积极分子培养考察、思想汇报、入党前谈话等环节；重点关注优秀青年教师、海外留学归国教师和学术骨干，吸纳条件成熟的高层人才加入党组织；切实加强学生党员思想入党的教育，进行有质有量的系统化教育培训，实现思想见面，促进思想交锋，加强思想引领，保证党员队伍的先进性和纯洁性。

（三）强化基层党支部建设的有效覆盖

9.完善和规范师生党支部的设置。教师党支部一般按照学院内设的教学、科研机构设置;机关、后勤、校办产业等单位的党支部一般按部门设置;学生党支部一般按照专业和年级设置。教师、研究生、本科生可以联合组建党支部,也可以依托重大项目组、课题组、教学科研团队等方式设置党支部。适应教师和研究生学术组织创新发展的新形势,积极探索和完善功能型党组织建设、临时党支部建设、海外党支部建设。推动基层党支部建设向师生工作学习生活的楼宇、实验室、班级等延伸覆盖,增强基层党组织对师生员工的有效覆盖。

10.完善和规范基层支部党小组的设置。党员组成涉及两个以上业务单位的、党员工作学习生活地点相互间距离较远的,以及个别党员人数偏多的党支部应设置党小组;师生联合党支部中的学生党员,应成立单独的党小组。为了便于基层党支部开展活动,党支部也可结合工作实际设置党小组。

(四)强化基层党支部书记队伍建设

11.实施教师党支部书记“双带头人”培育工程。选配一批优秀党员学术人才担任教师党支部书记,一般应同时兼任系主任或副系主任职务;通过制订专项培养计划,将教师党支部书记培养成为学术骨干带头人;将优秀教师党支部书记列入院系领导班子后备干部库,安排教师党支部书记到党政机关部门挂职锻炼,培养成为党建工作带头人。

12.全面加强党支部书记培训。依托党校和党委职能部门,制订基层党支部书记教育培训计划,充分利用校外教育培训基地,分层次、分类别定期开展党支部书记的理想信念教育、党务知识与能力素质培训,举办新任党支部书记任职培训,并保证党支部书记任期内轮训1次。

13.加强党支部书记工作考评与激励。由学校党委统一部署,各二级党组织每年组织开展基层党支部书记述职考核。考核结果运用于落实教职工党支部工作津贴、年度考核与职称晋升的工作量的计算,作为后备干部和干部选拔任用的依据,加大对优秀党支部书记的表彰力度;学生党支部书记工作计入学生成长评价相关体系。

(五)强化从严从实执行党的组织生活制度

14.坚持和完善党支部“三会一课”制度。党员必须参加党员大会、党小组会和党课,党支部要定期召开支部委员会会议。党员领导干部要以普通党员身份参加所在党支部的组织生活，带头搞活动，带头讲党课。“三会一课”要防止表面化、形式化、娱乐化、庸俗化。坚持每月 1 次有效组织生活，做好会议记录与考勤。

15.坚持和完善组织生活会和谈心谈话制度。定期召开党支部组织生活会，落实开展批评与自我批评的制度要求。校、院两级党组织领导班子成员要有计划地参加基层党支部的组织生活会，并加以指导和检查，发现问题及时纠正。基层党支部要把经常性谈心、谈话纳入组织生活的重要内容，完善支委会成员之间、支委会成员和党员之间、党员与党员之间经常谈心、谈话的制度。

16.坚持和完善民主评议党员制度。根据上级党组织的部署与要求，党支部定期对党员进行民主评议，督促党员对照党章党规、对照入党誓词，联系实际，开展批评与自我批评，强化党员意识、增强党的观念、提高党性修养。对党性不强的党员及时批评教育，限期改正，依规处置不合格党员。

（六）强化各类基层党支部间的联建与互动

17.积极打造校内外联动互动党建活动品牌。选好选准师生党员活动主题，发挥学科特色与优势，聚焦服务“三农”、对接国家战略需求，积极开展抓党建促脱贫攻坚、促京津冀协同发展等主题实践活动，通过基层党组织之间横向或纵向的联建，激发基层党支部组织党员、凝聚党员的活力，不断扩大校内外影响力，推进农业院校大学生党员先锋论坛的建设与发展，继续推进提升“红色 1 + 1”“百名博士老区行”“农科学子联合社会实践”等品牌支部活动，鼓励学院之间联合开展“党员先锋论坛”，形成教师与学生党员的互动。

18.积极推动教职工、学生和离退休党支部共建。统筹推进教职工党建、学生党建和离退休党建，通过“老、中、青”党员活动相结合，增进党支部活力，特别是解决学生党支部自身教育能力不足的突出问题，整体提升党支部凝聚力；搭建平台，牵手协作，互相联合，积极开展多种形式的教职工党支部、学生党支部、离退休党支部“结对子”；积极选配一批优秀教职工党员、老党员担任学生党支部理论学习导师。

三、组织领导与保障

19.加强对深入推进基层党支部建设的组织领导。坚持党委统一领导，党委组织部牵头协调，党委宣传部、党委学工部、党委研工部和各二级党组织密切配合，定期调研，了解和分析研判基层党支部建设工作状况，组织实施党支部建设各项工作。通过校、院两级抓基层党支部建设，更好实现党组织政治属性与服务功能；充分发挥党建研究会的作用，针对基层党支部存在的热点难点问题，由党建研究会组织专家开展研究，二级党组织积极参与研究成果的试点与推广，学校提供必要的经费支持。

20. 坚持上下联动、典型带动和督查推动。整合学校各级党组织和各方面力量与条件，综合协调，以上带下，层层推动基层党支部建设；要切实调动各二级党组织和基层党支部的积极性、主动性，担负起组织实施的主体责任；要善于发现和培育典型，充分发挥先进典型在加强和改进基层党支部建设的示范带动作用；加强校、院两级对各项工作举措落实情况的督促检查，不断压实基层党支部工作。

21. 营造关心支持基层党支部建设的良好氛围。坚持重心下移、资源下沉，心往基层想，劲往基层使，使党支部有能力组织党员服务师生群众、服务教学科研、服务国计民生。各级党组织通过抓实抓紧基层党支部建设，不断畅通基层党支部反映党员和群众意见建议的渠道，不断建立健全通过党的组织体系汇聚党员意志、凝聚党内外智慧力量的党建工作机制，切实为加快建成中国特色、农业特色的世界一流大学提供坚实的政治保障。

中共中国农业大学委员会
2017 年 6 月 20 日

中国农业大学党政办公室　　主动公开　　2017 年 6 月 30 日印发

中国农业大学文件

中农大人字〔2017〕20号

关于印发《中国农业大学教职工奖励办法》(2017年修订)的通知

校属各单位：

为规范我校教职工奖励工作，充分调动教职工的工作主动性、积极性和创造性，鼓励先进，表彰奖励在教学、科研、管理、教学辅助、校产开发、后勤服务等岗位做出突出贡献的教职工，结合学校实际，修订了教职工奖励有关办法，经学校校长办公会第2017—16次会议研究通过，现予以印发，请遵照执行。

中国农业大学

2017年7月5日

中国农业大学教职工奖励办法

（2017 年修订）

第一章　总则

第一条　为充分调动教职工的工作主动性、积极性和创造性，鼓励先进，表彰奖励在教学、科研、管理、教学辅助、校产开发、后勤服务等岗位做出突出贡献的教职工，制定本办法。

第二条　奖励坚持公平、公正、公开的原则，以事实为根据，精神奖励和物质奖励相结合。

第三条　奖励按照最终评审单位分为校外奖励和校内奖励。教学成果的奖励按照中国农业大学教育教学奖励相关办法执行；科研成果的奖励按照中国农业大学科技成果奖励相关办法执行。

第四条　学校党委常委会和校长办公会最终审定各项校外省部级及以上奖励和校内奖励项目的评奖方案、获奖人员名单等。

第五条　校外省部级及以上奖励按照上级部门的要求在规定的时间内组织评选推荐；校内奖励项目每年评选一次，奖励经费由学校年度预算单独列支。

第二章　奖励项目

第六条　校外奖励项目、人数及奖励形式按照评审部门规定执行。

第七条　校内奖励项目。

（一）主要包括优秀教师、优秀教育工作者和年度考核优秀个人。学校根据具体情况确定每年各项奖励名额、奖励标准等。

（二）特定时期或重大活动先进个人，根据情况，由学校决定奖励名称、名额、奖励标准、评选组织单位和评选时间等。

第三章 奖励范围

第八条 学校在职在岗人员均可经所在单位推荐申报。现职校领导不参评。

第九条 优秀教师主要为表彰从事教学及其辅助、科学研究、科技推广、科技服务工作的人员。

第十条 优秀教育工作者由三大类组成。

(一)一类主要为表彰从事学生班主任、辅导员等工作的人员。

(二)二类主要为表彰从事党政管理及其辅助工作的人员。

(三)三类主要为表彰从事图书出版、校产开发、后勤服务、卫生医疗服务、教学实验场站服务的人员。

第十一条 年度考核优秀个人主要为表彰爱岗敬业、任劳任怨、务实创新、出色完成本职工作的人员。

第十二条 特定时期或重大活动先进个人主要为表彰在特定时期或重大活动中做出突出成绩和贡献的人员。

第十三条 优秀教师、优秀教育工作者的评选条件和名额详见工作通知,其他各类奖项的评选条件和名额根据相关文件规定执行。

第四章 评选程序

第十四条 评选组织单位。

优秀教师由教务处负责组织评选。优秀教育工作者一类由党委学生工作部负责组织评选,二类由人事处负责组织评选,三类由工会负责组织评选。年度考核优秀个人由各单位负责组织评选。特定时期或重大活动先进个人、其他校外省部级及以上奖励按评审部门要求由学校相关职能部门负责组织评选推荐。

上述评选组织单位负责评奖的组织实施工作,具体负责确定评审委员会专家名单、制定评选工作方案、确定各单位推荐名额、评选条件、评选工作的时间安排等。

第十五条 评选程序。

(一)公布工作方案。评选组织单位在校园网上公布评选工作方案(奖励名称、奖励名额、奖励标准、评审工作具体时间安排、各单位推荐名额等)。

(二)个人申报。填写相应的申请表格并附相关证明材料报所在单位。提交的材料真实可靠,实事求是。

(三)基层单位初评。各单位按照奖励条件和名额,将本单位推荐人选推荐到相应的评审委员会。各基层党组织需对被推荐人的思想政治表现和师德表现进行考察和评价,在审批表中提出明确的推荐意见。

(四)各评审委员会评审。评选组织单位组织相应的评审委员会进行评审,向学校党委常委会和校长办公会推荐获奖候选人。

(五)公示。各评审委员会评审通过人选在校内公示不少于5天。

(六)学校审定。学校党委常委会和校长办公会对公示无异议的人选进行审定。

(七)学校发文公布评选结果,并在每年教师节对获得省部级及以上的校外奖励及获得校内各项奖励的个人进行表彰。获奖材料归入本人档案及文书档案。

第五章 奖励撤销

第十六条 教职工有下列情形之一的,撤销奖励:

(一)推荐单位或个人提供虚假数据、材料,弄虚作假,骗取奖励的。

(二)剽窃成果,或者以其他不正当手段骗取奖励的。

(三)申报奖励时隐瞒严重错误或者严重违反规定程序的。

(四)获荣誉称号后,受到开除处分、劳动教养或者刑事处罚的。

(五)有法律、法规规定应当撤销奖励的其他情形。

第十七条 监察处负责检查、监督本办法的执行情况,任何单位或个人如有异议,均可向监察处提出。异议应以书面形式(包括必要的证明材料)提出。单位提出的异议须在异议材料上由主要负责人签字并加盖本单位公章;个人提出的异议须在异议材料上签署本人的真实姓名和工作单位。

第十八条 监察处具体受理单位或个人提出的奖励异议事项,提出是否撤销奖励的书面意见,报学校党委常委会和校长办公会审定,所在单位负责将撤销奖励的决定通知到个人,撤销奖励的决定存入个人档案及文书档案。

第六章 附则

第十九条 本办法自印发之日起施行。其他未尽事宜，按照国家及上级有关规定执行，原《中国农业大学教职工奖励暂行办法》（中农大人字〔2010〕13 号）同时废止。

第二十条 本办法由人事处、教务处、党委学生工作部、工会、监察处负责解释。

中国农业大学党政办公室 主动公开 2017 年 7 月 5 日印发

中共中国农业大学委员会文件

中农大党发〔2017〕45 号

中共中国农业大学委员会关于加强教职工理论学习工作的实施意见

各分党委(党总支、直属党支部)、校属各单位:

为贯彻落实全国高校思想政治工作会议精神和中央关于加强和改进新形势下高校思想政治工作的有关意见精神,进一步加强我校教职工理论学习,坚持社会主义办学方向,为培养德智体美全面发展的社会主义事业建设者和接班人提供坚实保障。经学校党委常委会第 2017—27 次会议研究决定,提出以下实施意见。

一、指导思想

高举中国特色社会主义伟大旗帜,坚持以马克思列宁主义、毛泽东思想、邓小平理论、“三个代表”重要思想和科学发展观为指导,深入学习贯彻习近平总书记系列重要讲话精神和治国理政新理念新思想新战略,全面贯彻党的教育方针,以立德树人为根本,以理想信念教育为核心,以社会主义核心价值观为引领,坚持教育者先受教育,通过广泛开展中国特色社会主义理论体系学习教育,教育引导广大教职员工不断增强政治意识、大局意识、核心意识和看齐意识,坚定中国特色社会主义道路自信、理论自信、制度自信和文化自信,树立共产主义远大理想和中国特色社会主义共同理想,积极投身中国特色、农业特色的一流大学建设,努力成为先进思想文化的传播者、党执政的坚定支持者,做学生健康成长的指导者和引路人。

二、组织领导

学校教职工理论学习工作在学校党委的统筹指导下开展，坚持校院两级、以院为主，着力构建分层次、广覆盖、有重点、多形式的教职工理论学习工作体系。党委宣传部作为牵头单位，做好全校教职工理论学习的统筹、协调、推进工作。各二级党组织作为具体组织实施单位，要结合实际制定本单位教职工理论学习和实践教育工作计划并组织实施，切实发挥教职工党支部的战斗堡垒作用。

三、重点学习内容

（一）学习习近平总书记系列重要讲话精神和治国理政新理念新思想新战略。深入学习领会习近平总书记系列重要讲话精神，准确理解中国梦的提出背景、科学内涵、实现路径，学深悟透全面建成小康社会、全面深化改革、全面依法治国、全面从严治党四个全面战略布局，系统把握创新、协调、绿色、开放、共享五大发展理念等。

（二）学习中国特色社会主义理论体系。组织教职工学习了解中国特色社会主义理论体系的形成和发展、主要内容、最新成果，学习了解中国特色社会主义总任务、总布局，结合中国特色社会主义理论体系深入学习党的十八大及十八届三中、四中、五中、六中全会精神和党的十九大精神，深入学习科学社会主义理论成果。

（三）学习党和国家重大方针政策、形势任务。围绕中央重大决策部署、重要会议、重大活动以及国内外形势，开展形势政策教育，深入理解党和国家重大方针政策与重要文件精神。要全面系统深入学习党的十九大提出的重大战略思想、重大理论观点和重大工作部署，把思想和行动统一到党的十九大精神上来。要紧密结合学校实际，开展“三农”问题和农业现代化新形势、新政策、新趋势的学习研讨。

（四）学习研究高校思想政治工作和教育改革发展中的重大理论和现实问题。深入学习全国高校思想政治工作会议精神和推进高校思想政治工作的重要决策部署。深入学习中央关于落实教育规划纲要、推进教育领域综合改革的重要指示精神和各项任务要求。深入学习高等教育相关法律法规、教师职业道德规范和学术道德规范。

（五）培育和践行社会主义核心价值观。加强中华优秀传统文化和革命文化、社会主义先进文化教育，加强党史、国史、改革开放史、社会主义发展史教育，加强国家意识、法治意识、社会责任意识教育和民族团结进步教育、国家安全教育、科学精神教育。深入学习我校历史文化、红色基因和大学精神，了解我校勤勉持重、爱国忧民的精神传统和严谨求实、厚德博学的办学传统。

（六）学校党委要求学习的其他内容。

四、学习方式

（一）以专题辅导作为集中学习的主要方式。集中学习由各二级党组织统一组织，每次集中学习应明确主题，邀请学校理论学习师资库成员进行专题辅导，并按学校有关规定给付讲课费。

（二）以实践活动作为理论学习的重要载体。在理论学习的基础上，各单位每年可有计划地组织教职工前往校内外各类思想文化教育基地、高水平大学或科研院所（企、事业单位）、农业实践基地以及乡镇、农村等学习考察。

（三）以个人自学和党支部促学作为深化理论学习的重要途径。广大教职工要积极参加集中学习，并认真做好自学，自学应以研读习近平总书记系列重要讲话、中国特色社会主义理论体系的重要著作以及中央有关重要文件为重点，努力将学习成果转化为立德树人的有力支撑。各党支部可结合“两学一做”学习教育工作要求，组织深入交流研讨，教育引导党员做理论学习的先锋模范，教育引导民主党派和无党派人士在理论学习中发挥积极作用。

（四）不断探索网络、新媒体学习渠道。将网络、新媒体等学习方式作为拓展学习内容、深化学习效果的重要途径。校院两级要充分发挥学校党建网、各类微信平台等新媒体作用，有效整合学习资源，创作内容丰富、吸引力强的理论学习作品，形成新媒体平台学习与集中理论学习、实践活动相互补充、相互促进的理论学习新局面。

五、学习安排

（一）学校党委将配备理论学习指导教师，为二级党组织开展教职工理论学习、中心组学习和党支部学习等工作提供业务指导。

（二）党委宣传部负责组建学校理论学习师资库和教学资源库，为各单位开展理论学习提供师资和内容服务。

（三）教务处、研究生院在排课时尽量确保双周三下午不排课，并于期末将下一学期双周三下午有课教师名单和课程情况提供给其所在单位党委，同时报党委宣传部备案。

（四）各二级党组织每月要安排1个半天作为教职工集中理论学习时间。原则上每年还应至少组织1次青年教师实践活动。各单位可根据党委宣传部提供的辅导报告目录和实践基地目录选择专题辅导和实践活动内容，并制定理论学习方案，每学期开学第一周报党委宣传部备案。

（五）各二级党组织要对教职工参加理论学习和实践活动进行考勤，并做好学习记录。因故不能按时参加本单位组织的集中学习的教职工应按照学校规定进行补课。

（六）教职工参加集中理论学习出勤情况将作为各类评优推荐的重要依据，缺勤且未在当年年终考核前完成补课的，取消其当年评优推荐资格。教职工经学校选派参加上级单位组织的理论学习和实践教育活动，由派出部门和党委宣传部联合出具学习证明，可计入本人当年理论学习时间。学校理论学习师资库成员的学习由党委宣传部统一组织和考勤。

（七）教职工理论学习情况纳入二级党组织考核评估内容。

（八）如有单位因学校运行保障等工作，在双周三下午开展集中学习遇有困难的，可另行安排时间或采取其他学习形式。学习方案应经所在二级党组织批准并报党委宣传部备案。

六、学习保障

（一）学校选拔思想政治理论课教师、哲学社会科学教学科研骨干、在教学科研和理论传播有专长的教师和党政管理干部，以及校外专家学者和领导干部等作为教职工理论学习主要师资力量。学校理论学习师资库成员实行聘任制，聘任周期为1年，由学校党委统一颁发聘书。

（二）各单位要为教职工理论学习提供必要的经费支持和条件保障，确保理论学习工作顺利开展。

七、工作要求

（一）各二级党组织要高度重视教职工理论学习工作。要将其作为落实意识形态工作责任制和全国高校思想政治工作会议精神的重要任务，做好学习计划，精心组织开展；要坚持与思想政治工作相结合，不断坚定广大教职工中国特色社会主义道路自信、理论自信、制度自信、文化自信；要与推动学校教学科研和管理服务工作相结合，不断强化广大教职工扎根中国大地办世界一流大学的责任感和使命感；要与教师队伍建设教师发展相结合，不断提升广大教职工立德树人的意识和能力。

（二）各职能部门要分类做好重点群体的理论学习工作。学校各职能部门要在此基础上，按照上级要求重点做好领导干部、党员、各类人才、骨干教师、青年教师等群体的学习教育工作，进一步丰富和完善教职工理论学习工作体系。

1.党委宣传部负责组织开展全校层面高水平辅导报告，并做好学校党委理论学习中心组学习的组织服务工作，二级党委理论学习中心组要以此为参照，组织开展好理论中心组学习。

2.党委组织部（党校）可将全校教职工理论学习有关内容作为各级领导干部、党员、预备党员、入党积极分子和党务工作者教育培训的组成部分，并针对不同群体的学习教育工作要求，进一步丰富完善学习内容和学习形式。

3.党委统战部、人事处、工会等要以高层次人才为重点，有序推进各类人才的学习教育工作。

4.学校教职工思想政治工作领导小组办公室要以青年教师，尤其是新入校教师为重点，做好理论学习和实践教育工作。

上述各类重点群体在参加所在党委组织的理论学习与实践活动基础上，还要按照学校有关要求，参加有关教育培训活动。

（三）积极选派教职工参加上级组织的学习实践活动。党委组织部、党委宣传部、党委统战部、党委学生工作部、党委研究生工作部、科学技术发展研究院等要认真落实上级有关学习工作安排，选派党政管理干部、哲学社会科学教学科研骨干、青年教师、辅导员、心理咨询教师、网评员等参加有关学习和培训。

中共中国农业大学委员会
2017 年 7 月 10 日

中国农业大学党政办公室　　　主动公开　　　2017 年 7 月 10 日印发

中共中国农业大学委员会文件

中农大党发〔2017〕46号

中共中国农业大学委员会关于印发《关于坚持和完善党委领导下的校长负责制的实施办法》的通知

各分党委(党总支、直属党支部)、校属各单位:

为进一步坚持和完善学校党委领导下的校长负责制,根据《中国共产党章程》《中华人民共和国高等教育法》《中国共产党普通高等学校基层组织工作条例》《关于坚持和完善普通高等学校党委领导下的校长负责制的实施意见》《中国农业大学章程》等有关规定,结合学校工作实际,制定了《关于坚持和完善党委领导下的校长负责制的实施办法》,经学校党委常委会第2017—28次会议研究通过,现予以印发,请遵照执行。

中共中国农业大学委员会

2017年7月8日

关于坚持和完善党委领导下的校长负责制的实施办法

为进一步坚持和完善学校党委领导下的校长负责制，根据《中国共产党章程》《中华人民共和国高等教育法》《中国共产党普通高等学校基层组织工作条例》《关于坚持和完善普通高等学校党委领导下的校长负责制的实施意见》《关于加强和改进新形势下高校思想政治工作的意见》《中国农业大学章程》等有关规定，结合学校实际，制定本办法。

一、党委统一领导学校工作

（一）中国共产党中国农业大学委员会（以下简称“学校党委”）是学校的领导核心，履行管党治党、办学治校的主体责任，全面领导学校事业发展，决定学校重要问题和重大事项，监督重大决议执行，支持校长依法独立负责地行使职权，保证以人才培养为中心的各项任务的完成，为人民服务，为中国共产党治国理政服务，为巩固和发展中国特色社会主义制度服务，为改革开放和社会主义现代化建设服务。

1. 坚持党的领导，学习宣传贯彻落实党的路线方针政策，执行党的教育方针，坚持社会主义办学方向，坚持立德树人，依靠全校师生员工推动学校科学发展，培养德智体美全面发展的中国特色社会主义事业合格建设者和可靠接班人。

2. 加强学校党委思想建设、组织建设、作风建设、反腐倡廉建设、制度建设，增强自我净化、自我完善、自我革新、自我提高的能力，自觉增强“四个意识”，不断提高管党治党、办学治校的能力和领导水平。

3. 讨论决定事关学校改革发展稳定及教学、科研、行政管理中的重大事项和重要制度。

4. 坚持党管干部原则，按照干部管理权限负责干部的选拔、教育、培养、考核和监督，讨论决定学校内部组织机构的设置及其负责人的人选，依照有关程序推荐校级领导干部和后备干部人选。

5. 坚持党管人才原则，讨论决定学校人才工作规划，重大人才政策和重要人才使用，创新人才工作体制机制，优化人才成长环境，统筹推进学校各类人才队伍建设。

6.领导学校思想政治工作和德育工作，坚持用中国特色社会主义理论体系武装师生员工头脑，培育和践行社会主义核心价值观，牢牢掌握学校意识形态工作的领导权、管理权、话语权。维护学校安全稳定，促进和谐校园建设。

7.加强大学文化建设，发挥文化育人作用，培育良好校风学风教风。

8.加强对学院等基层党组织的领导，加强基层党的建设，做好发展党员和党员教育、管理、服务工作，创新基层党组织工作方法，发展党内基层民主，提升基层党组织工作活力，充分发挥基层党组织的战斗堡垒作用和党员的先锋模范作用。

9.领导学校党内监督和纪律检查工作，落实党风廉洁建设主体责任，强化监督执纪问责，推进惩治和预防腐败体系建设。

10.领导学校工会、共青团、学生会等群众组织和教职工代表大会，做好统一战线工作和离退休老同志工作。

11.讨论决定其他事关师生员工切身利益的重要事项。

（二）党委实行集体领导与个人分工负责相结合，坚持民主集中制，集体讨论决定学校重大问题和重要事项。

（三）党委书记主持党委全面工作，履行第一责任人的职责，负责组织党委重要活动，协调党委领导班子成员工作，督促检查党委决议贯彻落实，主动协调党委与校长之间的工作关系，支持校长开展工作。

二、校长主持学校行政工作

（四）校长是学校的法定代表人，在学校党委领导下，贯彻党的教育方针，组织实施学校党委有关决议，行使高等教育法等规定的各项职权，全面负责教学、科研、行政管理工作。

1.组织拟订和实施学校发展规划、基本管理制度、重要行政规章制度、重大教学科研改革措施、重要办学资源配置方案。组织制定和实施具体规章制度、年度工作计划。

2.组织拟订和实施学校内部组织机构的设置方案。按照国家法律和干部选拔任用工作有关规定，推荐副校长人选，任免内部组织机构的负责人。

3.组织拟订和实施学校人才发展规划、重要人才政策和重大人才工程计划。负责教师队伍建设，依据有关规定聘任与解聘教师以及内部其他工作人员。

4.组织拟订和实施学校重大基本建设、年度经费预算等方案。加强财务管理和审计监督，管理和保护学校资产，维护学校合法权益。

5.组织开展教学活动和科学研究，创新人才培养机制，提高人才培养质量，推进文化传承创新，服务国家和地方经济社会发展。

6.组织开展思想品德教育，负责学生学籍管理并实施奖励或处分，开展招生和就业工作。

7.做好学校安全稳定和后勤保障工作。

8.组织开展学校对外交流与合作，依法代表学校与各级政府、社会各界和境外机构等签署合作协议，接受社会捐赠。

9.向党委报告重大决议执行情况，向教职工代表大会报告工作，组织处理教职工代表大会、学生代表大会、工会会员代表大会和团员代表大会有关行政工作的提案。支持学校各级党组织、民主党派基层组织、群众组织和学术组织开展工作。

10.履行法律法规和学校章程规定的其他职权。

三、健全党委与行政议事决策制度

(五)学校按期召开党员代表大会，选举产生党的委员会，委员人数一般为29人，对党员代表大会负责并报告工作。党委委员由校级领导干部和学院、党政工作部门负责人及师生员工代表组成。学校党委常务委员会(以下简称“党委常委会”)由学校党的委员会全体会议(以下简称“党委全委会”)在党委委员中选举产生，一般设常务委员11人。

(六)党委全委会在党员代表大会闭会期间领导学校工作，按照党委全委会议事规则对事关学校改革发展稳定和师生员工切身利益及党的建设等全局性重大问题做出决策，听取和审议党委常委会工作报告、纪委工作报告。会议由党委常委会召集，议题由党委常委会确定。党委全委会必须有2/3以上委员到会方能召开。表决事项时，以超过应到会委员人数的半数同意为通过。

(七)党委常委会主持党委经常工作，按照党委常委会议事规则对学校改革发展稳定和教学、科研、行政管理及党的建设等方面的重要事项做出决定，按照干部管理权限和有关程序推荐、提名、决定任免干部。常委会会议由党委书记召集并主持。会议议题由学校党委常委提出，党委书记确定。会议必须有半数以上常委到会方能召开；讨论决定干部任免等重要事项时，应有 2/3 以上常委到会方能召开。表决事项时，以超过应到会常委人数的半数同意为通过。不是党委常委的行政领导班子成员可列席会议。

（八）校长办公会是学校行政议事决策机构，按照校长办公会议事规则研究提出拟由党委讨论决定的重要事项方案，具体部署落实党委决议的有关措施，研究处理教学、科研、行政管理工作。会议由校长召集并主持，会议成员一般为学校领导班子成员；会议议题由分管行政工作的学校领导班子成员提出，校长确定；会议必须有 1/2 以上成员到会方能召开。校长应在广泛听取与会人员意见基础上，对讨论研究的事项做出决定。

（九）党委全委会、党委常委会和校长办公会要坚持科学决策、民主决策、依法决策，防止个人或少数人专断和议而不决、决而不行。讨论决定学校重大问题，应在调查研究基础上提出建议方案，经领导班子成员沟通酝酿且无重大分歧后提交会议讨论决定：对干部任免建议方案，在提交党委常委会讨论决定前，应在党委书记、校长、分管组织工作的副书记、纪委书记等范围内进行充分酝酿；对专业性、技术性较强的重要事项，应经过专家评估及技术、政策、法律咨询；对事关师生员工切身利益的重要事项，应通过教职工代表大会或其他方式，广泛听取师生员工的意见建议；对事关学校建设发展全局的重大行政事项，党委常委会先行研究形成指导性意见后，交由校长办公会讨论研究形成建议方案，再提交党委常委会决定；对会议决定的事项如需变更、调整，应根据决策程序进行复议。

四、完善协调运行机制

（十）党委领导下的校长负责制是一个不可分割的有机整体，必须坚持党委的领导核心地位，保证校长依法行使职权，建立健全党委统一领导、党政分工合作、协调运行的工作机制；要合理确定领导班子成员分工，明确工作职责。领导班子成员要认真执行集体决定，按照分工积极主动开展工作，勇于担当，敢于负责，切实履行职责。

（十一）党委书记和校长要树立政治意识、大局意识，相互信任，加强团结。建立定期沟通制度，及时交流工作情况。党委常委会有关教学、科研、行政管理工作等议题，应在会前听取校长意见；校长办公会的重要议题，应在会前听取党委书记意见。意见不一致的议题暂缓上会，待进一步交换意见、取得共识后再提交会议讨论。集体决定重大事项前，党委书记、校长和有关领导班子成员要个别酝酿、充分沟通。

（十二）学校领导班子应经常沟通情况、协调工作。党委书记、校长要发扬民主，充分听取班子成员的意见，支持他们的工作。领导班子成员要相互理解、相互信任、相互支持、相互监督，对职责分工交叉的工作，要注意协调配合。领导班子成员对于自己不分管的工作，也应当从全局出发关心支持，加强研究，积极提出意见和建议。

（十三）学校领导班子成员要自觉履行“一岗双责”，严肃政治纪律和政治规矩。领导班子成员代表学校的讲话和报告，署名发表或者出版与党政管理工作有关的文章、著作、言论，以及在调查研究、检查指导工作或者参加其他公务活动时发表的个人意见，应当符合学校党委全委会、党委常委会、校长办公会的决定精神。

（十四）坚持领导干部双重组织生活会制度，提高组织生活质量。学校党委领导班子要带头参加“三会一课”和组织生活会。认真开好民主生活会，正确运用批评和自我批评的武器，开展积极健康的思想斗争；落实谈心谈话制度，党委书记和校长要定期相互谈心，定期同其他领导班子成员谈心，对在思想、作风、廉洁自律等方面出现的苗头性倾向性问题，要早提醒、早纠正；领导班子成员之间要经常交流思想、交换意见，努力营造团结共事的和谐氛围。

（十五）加强学术组织建设，健全以学术委员会为核心的学术管理体系与组织架构，合理确定学术组织人员构成，制定学术组织章程，保障学术组织依照章程行使职权，充分发挥其在学科建设、学术评价、学术发展和学风建设等方面的重要作用，积极探索教授治学的有效途径。

（十六）发挥教职工代表大会及群团组织作用，健全师生员工参与民主管理和监督的工作机制。按照信息公开工作相关规定，及时向师生员工、群众团体、民主党派、离退休老同志等通报学校重大决策及实施情况。学校党员代表大会实行代表任期制和提案制，健全党委常委会向党委全委会报告工作并接受监督等制度。

五、加强组织领导

（十七）学校领导班子要加强思想政治建设和作风建设，加大教育培训力度，不断提高领导干部思想政治素质和办学治校能力。学校领导干部要认真履职尽责，正确处理领导管理工作和个人学术研究的关系，确保有足够的时间和主要精力投入学校管理工作，党委书记和校长一般不担任科研项目主要负责人。

（十八）加强学校基层党组织建设，完善学院党政联席会议制度，集体讨论决定重大事项；完善教职工党支部和学生党支部设置形式，创新党支部活动方式；提高发展党员质量，加强党员教育管理；大力创建基层服务型党组织，不断提高基层党组织的创造力凝聚力战斗力，保证党的路线方针政策和学校各项决定的贯彻落实。

（十九）加强和改进新形势下思想政治工作，深入开展中国特色社会主义、社会主义核心价值观和中国梦宣传教育，引导师生员工坚持正确的政治方向，坚定中国特色社会主义道路自信、理论自信、制度自信和文化自信。深入开展坚持中国共产党的领导的教育，进一步深化师生员工对党委领导下的校长负责制的理解和认同，增强坚持和完善这一制度的自觉性和坚定性。

（二十）学校党委要加强对领导班子成员贯彻执行党委领导下的校长负责制情况的监督，发现问题及时纠正。

六、附则

（二十一）本办法自印发之日起施行，由学校党委负责解释。

中国农业大学党政办公室　　主动公开　　2017 年 7 月 10 日印发

中共中国农业大学委员会文件

中农大党发〔2017〕52 号

中共中国农业大学委员会关于进一步加强和改进新形势下党务工作队伍建设的实施意见

各分党委(党总支、直属党支部)、校属各单位:

党务工作队伍是学校干部队伍的重要组成部分,建设一支政治强、业务精、作风好的党务工作队伍是新形势下贯彻落实全国高校思想政治工作会议精神的必然要求,是加强学校党的建设战略部署的重要举措,是推动学校全面改革发展的重要组织保证。根据中央有关工作精神,结合学校实际情况,提出如下意见。

一、总体要求与目标

深入学习贯彻习近平总书记系列重要讲话精神和治国理政新理念新思想新战略,以中央关于干部工作、党建工作相关部署为指导,将党务工作队伍建设纳入学校干部队伍建设和人才建设总体规划,完善选拔、培养和激励机制,吸纳优秀人才,提高业务素质,着力培养一批熟悉党的方针政策,坚持党的教育路线,精于高校业务工作,忠诚干净担当的专业化、职业化党务工作干部,形成一支专职为主、专兼结合、数量充足、素质优良的党务工作力量。

二、构成与配备

(一)队伍构成

党务工作队伍是指学校党组织各级领导干部、所属各单位的专兼职党务工作者以及学校党的机关工作人员，具体包括：

1.学校党委书记、副书记、委员，学校纪委书记、副书记、委员。

2.二级党组织书记、副书记、委员。

3.党支部书记、副书记、委员。

4.学校党的机关工作人员。

5.专职组织员。

(二)人员配备

按照干部管理权限和相关工作要求进行党务工作人员配备，具体如下：

1.分党委委员一般由5～9人单数组成，设书记1名，副书记1～2名；党总支委员由5或7人组成，设书记1名，副书记1名；直属党支部委员由3或5人组成，设书记1名。

党员院长应同时兼任分党委(党总支)副书记或委员，党员副院长应进入分党委(党总支)领导班子。分党委(党总支)书记、院长一肩挑的，可配备1名专职常务副书记。

2.党员在7人以上的党支部设立支部委员会，一般由3或5人组成，设书记1人、委员若干名。党员人数不足7人的党支部，不设支部委员会，一般设书记1人、必要时增设副书记1人。

3.学校党委组织部配备1～2名处级专职组织员，每个学院配备1～2名专职组织员。

4.学校党的机关工作人员及其他党务工作人员配置按照学校有关规定执行。

三、资格与要求

(一)基本素质

1.具有共产主义远大理想，坚持用马克思列宁主义、毛泽东思想、邓小平理论、

“三个代表”重要思想和科学发展观武装头脑，学习贯彻习近平总书记系列重要讲话精神和治国理政新理念新思想新战略，牢固树立“四个意识”，自觉同以习近平同志为核心的党中央保持一致。

2.在全面建成小康社会、全面深化改革、全面依法治国、全面从严治党的新形势下，面临各种矛盾和复杂问题，能够正确地认识和判断形势，能够运用马克思主义的基本立场、观点和方法观察和分析问题，解放思想，实事求是，较好地解决工作中的各种复杂问题。

3.能够模范遵守党纪党规，认真执行党的方针、政策和规定，自觉维护党的团结和统一。熟悉党的各项具体工作方针、政策、程序和规定，具备面对党员、群众开展党务工作的组织能力、文化水平和专业知识，完成党交给的各项任务。

4.坚持全心全意为人民服务的宗旨和密切联系群众的工作作风，经常深入一线、调查研究，为学校的改革、发展和稳定做出贡献。

(二)具体条件

1.二级党组织书记、副书记应具有胜任工作的组织领导能力，具有较丰富的党务工作经验，党性强，实绩突出，群众威信较高。各学院党委书记原则上应具有高级专业技术职务或高级职员职级。其中专职书记、副书记，应具有党务、行政和业务管理工作的经历。

2.教师党支部书记原则上应具有副高级以上专业技术职称，一般应同时兼任系主任或副系主任；学校党的机关、行政机关、群团组织党支部书记原则上应由副处级以上领导干部担任；注重从优秀辅导员、优秀大学生党员中选拔学生党支部书记。

3.专职组织员的主要职责是从事党员发展、党员教育管理工作。学校党委组织部处级专职组织员应具有5年以上党务工作经历，基本条件应符合学校《处级党政领导干部选拔任用工作办法》的要求；学院专职组织员应具有2年以上党龄。

4.学校党的机关工作人员的选配条件应对应职务级别分别按照学校《处级党政领导干部选拔任用工作办法》和《科级岗位聘任暂行规定》等有关规定执行。

四、教育与培养

（一）加强教育培训

1. 健全培训制度。本着统筹规划、突出重点、定期培训与日常培养相结合、集中培训与岗位使用相结合的原则，以政治理论、政策法规、履职能力、文化素质和技能训练为基本内容，全面提高干部的政治素质和工作能力。

2. 加强理论研究。党务干部应结合工作积极开展党建和思想政治工作的研究，鼓励和支持各级党务干部结合工作实际撰写并发表与工作相关的理论文章，加强对工作的积累和提升。

3. 强化作风建设。加强党性锻炼，勇于批评与自我批评，自觉接受党员群众的监督；树立正确的事业观，把实现群众的根本利益作为一切工作的出发点和落脚点；结合本职岗位，在服务师生的过程中弘扬求真务实、勇于创新、责任担当的工作作风。

（二）完善培养机制

1. 推进党务工作干部的轮岗交流。在坚持利于工作、合理流动、相对稳定的原则基础上，党务工作干部队伍通过轮岗交流提升素质、增强活力、优化结构。

2. 加强基层党务工作人员培养。不断推动学院专职组织员队伍建设，符合学校《科级岗位聘任暂行规定》条件的可担任学院党委办公室主任；实施教师党支部“双带头人”培育工程，将教师党支部书记培养成学术骨干带头人和党建工作带头人；将优秀教职工党支部书记按类别分别列入学校党政机关后备干部库和学院领导班子后备干部库。

3. 促进党务工作队伍专业化职业化。制订党务工作干部职务职级“双线”晋升办法和保障激励机制，实行专业技术职务（职称）评审单列计划、单设标准、单独评审的相关机制。

五、条件与保障

（一）加强组织保障

学院设立党委办公室，学院党政管理编制中必须保证有 1～2 个编制，从事专职组织员工作和相关党务工作。

（二）落实条件待遇

学校按照每人每年1 000元的标准拨出专款，用于基层党务工作人员的培训，保证专职组织员每年集中培训1次，党支部书记在任期内轮训1次。落实教职工党支部书记党务工作津贴。

（三）完善激励机制

二级党组织书记、副书记中的双肩挑干部教学科研工作量参照《教师岗位基本职责暂行规定》执行，担任党支部书记的教师教学科研工作量参照《教职工党支部工作规程》执行。学校党委每年评选1次优秀党务工作者，对表现突出、成绩优异者，学校党委将给予表彰。

（四）健全长效机制

从学校实际工作出发，科学界定各类党务干部的岗位职责、工作内容、任职条件；对党务工作队伍进行定期研判，形成党务干部能上能下、能进能出的工作机制。

中共中国农业大学委员会
2017年7月13日

中国农业大学党政办公室　　主动公开　　2017年7月24日印发

中国农业大学文件

中农大人字〔2017〕26号

关于印发《中国农业大学人事调配工作规定》(2017年修订)的通知

校属各单位：

为进一步规范人事调配工作，提高我校新聘人员的整体素质，促进我校人力资源管理的科学化、制度化和规范化建设，根据《事业单位人事管理条例》《事业单位公开招聘人员暂行规定》等有关文件精神，结合学校实际情况，修订了《中国农业大学人事调配工作规定》，经学校党委常委会第2017—33次会议审议通过。现予以印发，请遵照执行。

中国农业大学

2017年7月29日

中国农业大学人事调配工作规定

（2017年修订）

为进一步加强人事调配工作的宏观调控与监督管理，促进人才合理流动，优化教职工队伍结构，提高办学质量和办学效益，根据国家及上级有关文件精神，结合学校实际情况，制定本规定。

本规定适用于我校所有事业编制人员的录用、调出和校内调动。高层次人才引进工作按学校高层次人才引进有关办法执行。

一、调配原则

（一）认真贯彻执行党和国家的政策，为学校教学、科研等各项事业的发展服务，实行公开招聘、按需择优、任人唯贤、合理调配。

（二）严格执行岗位定员规定，在各单位核定岗位总量的基础上，根据学科发展和工作需要，制订人员调配计划。

（三）教师队伍优先从博士后出站等高素质、高水平人员中选拔；党政管理、教学辅助队伍可以校内调剂或接收应届毕业生为主渠道。

（四）严格执行回避制度。

二、新入校教职工的基本条件

（一）政治素质好，思想品德高尚。有奉献精神和团队协作精神。

（二）业务素质好、工作能力强。教师岗位应具有博士学位，其他岗位人员原则上应具有硕士及以上学位。

（三）应聘教师岗位人员的年龄须在35周岁以下，应聘党政管理和教学辅助岗位人员的年龄须在30周岁以下，具有高级专业技术职务人员的年龄须在40周岁以下。应届毕业生还须符合人力资源和社会保障部、教育部接收毕业生的要求。

（四）应聘教学岗位人员应仪表端庄，口齿清晰，普通话合格。

（五）身心健康。

三、新入校人员招聘与接收程序

（一）制定公开招聘方案

各单位制定本单位当年招聘方案，经学校审定后公布。

（二）公布招聘岗位

各单位根据学校招聘方案制定本单位岗位招聘信息，由学校统一公开发布，发布时间不少于7个工作日。招聘信息一经公布，不得擅自更改。

（三）单位初选

1. 各单位组建人才招聘初选委员会。学院教师、教学辅助人员的招聘初选委员会由学院学术委员会组成；党政管理等其他岗位人员的招聘初选委员会由基层单位的党政领导班子成员及教职工等5～9人组成。

2. 各单位基层党组织根据招聘岗位要求对应聘者政治立场、思想道德、行为规范、师德等表现进行考核；单位初选委员会对应聘者的相关专业和技能进行考核。

3. 各单位党政联席会根据基层党组织和初选委员会的考核意见确定本单位初选人员。

（四）学校评审

学校对各单位初选人员进行评审。

（五）身体检查

学校评审通过的入职推荐人选须到校医院进行体检。

（六）学校审定

学校对体检合格的入职推荐人选进行审定，确定各单位拟入职人选。

（七）公示

对学校确定的各单位拟入职人选进行公示，公示期为7个工作日，公示无异议者可办理入职手续。

（八）入校手续期限

学校同意的入职人员须在规定时间内来校办理入职手续，逾期未办理者视为自动放弃。有特殊情况的需由用人单位提出申请并获学校批准后，可保留入职资格。

四、人员调出

(一)教职工凡要求调出学校,需提出书面申请并填写"中国农业大学教职工调出审批表",经所在单位主管领导同意后,报人事处审批,按有关规定办理调出手续。对现任高级专业技术职务(或处级干部)等骨干人员的调出,其书面申请和"中国农业大学教职工调出申请表"需分别经所在单位主管校领导同意和分管人事工作校领导审批同意后,方可办理调出手续。

(二)在办理调出手续时,应做好工作交接,并到各有关单位办理离校手续。调出人员,自学校批准之下月起停发工资及其他待遇。自学校批准之日起,超过30日未办理完调出手续者,需由本人及所在单位书面说明,明确调动意见,否则学校将解除聘用合同,终止人事关系。

(三)对于涉密人员,因其调出有可能造成严重损失的,所在单位或有关部门有权按照相关规定暂缓批准调出。

五、校内调动

本人提出书面申请并填写"校内调动审批表",经调出、调入单位负责人审批同意后,报人事处备案。调入单位需在有空岗的前提下,按规定程序对其提出岗位聘任意见。教学辅助人员或党政管理人员申请调入教师岗位的,需符合当年教师岗位招聘条件并参加学校统一招聘,学校审定通过后方可办理调动手续。

特殊情况由学校研究决定。

六、其他

本规定由人事处负责解释,自印发之日起施行,原《中国农业大学人事调配工作规定》(中农大人字〔2009〕12号)同时废止。

中国农业大学党政办公室　　主动公开　　2017年8月13日印发

中国农业大学文件

中农大人字〔2017〕27 号

关于印发《中国农业大学教职工年度考核办法》(2017 年修订)的通知

校属各单位：

为正确评价教职工的德才表现和工作业绩，建立健全激励机制，规范完善考核方式，根据《事业单位人事管理条例》等有关文件精神，结合学校实际情况，修订了《中国农业大学教职工年度考核办法》，经学校党委常委会第 2017—33 次会议审议通过。现予以印发，请遵照执行。

中国农业大学

2017 年 8 月 7 日

中国农业大学教职工年度考核办法

（2017 年修订）

为正确评价教职工的德才表现和工作业绩，建立健全激励机制，规范完善考核方式，根据《事业单位人事管理条例》（国务院令第 652 号）等有关文件精神和我校实际情况，制定本办法。

一、考核原则

考核年度为日历年度，考核工作遵循注重实绩、客观公正、民主公开、便于操作、简单有效的原则。

二、考核对象

考核对象为我校在职在岗的固定事业编制人员。各单位聘用的非事业编制人员和其他临时性、兼职性人员的考核，可参照本办法执行，或根据需要另行规定，报人事处备案。

三、考核内容

考核的内容包括德、能、勤、绩、廉 5 个方面，重点考核师德表现和工作实绩。其中能、绩、廉内容的考核对党政管理人员、教师、其他专业技术人员或工勤人员可有不同的侧重。党政管理、教辅人员以考勤结果和工作实绩作为其工作量考核的主要指标。教学、科研人员的工作数量和质量标准，由各教学单位根据《中国农业大学教师岗位基本职责暂行规定》执行。

为了进一步健全师德考核，促进教师提升自身修养，各单位应根据学校师德考核有关办法，把师德表现作为教职工年度考核的重要内容之一，纳入年度考核体系，计入教职工档案。教职工应在年终总结中对本人遵守《高等学校教师职业道德规范》和学校师德考核有关办法，自觉弘扬和践行社会主义核心价值观，在教学科研和管理服务岗位上敬业奉献、立德树人等情况进行认真总结，在考核述职时要进行自评和互评。

四、考核范围

（一）教职工每人只参加一种岗位的考核。工作以党政管理为主的参加党政干部年度考核，以专业技术工作为主的参加专业技术人员年度考核，学校党政机关“双肩挑”干部一律参加党政干部年度考核。副处级（含）以上干部的年度考核由党委组织部组织实施。

（二）本年度新参加工作的应届毕业生未聘任岗位职务的，年度考核结果只写评语，不定档次，考核情况作为确定岗位职务的依据。

（三）由学校批准因公出国（境）、参加国内或国外各类培训或学习的人员，应参加所在单位的年度考核，主要根据培训学习表现、成绩确定考核结果。

（四）学校派出挂职人员由所在单位按其应该承担的工作任务，参照挂职单位提供的情况，对其进行年度考核，并确定考核结果。

（五）正在接受立案审查尚未结案或停职检查尚未有结果的人员，对其进行考核，但不写评语，不定考核档次，待结案后，再视情况而定。

（六）下列人员不参加年度考核：

1.非公派，但经所在单位同意参加国内或国外脱产学习、进修，本年度内累计超过 6 个月的人员。

2.当年事假累计满 3 个月或病假累计超过 6 个月的人员。

3.提前离岗人员、待聘人员及考核时已经退休人员。

五、考核结果和标准

考核结果分为优秀、合格、基本合格和不合格 4 个档次。其中优秀档次的人数不超过本单位参加考核人数的 15%，人数较少的单位优秀比例的基数按照年度累计方法计算。

考核档次标准应以岗位职责和年度工作任务为基本依据，全面考核教职工的表现，基本标准如下：

(一)优秀

正确贯彻执行党和国家的政策,模范遵守国家法律、法规和学校规章制度,具有良好的职业道德,当年师德考核优秀;有很强的业务能力和责任心,工作态度认真负责,高质量满负荷地完成受聘岗位所规定的工作任务;在教学、科研、开发、推广、管理和服务等工作中表现突出,尽职尽责,为学校事业的发展做出较大贡献,成绩显著。各单位可结合实际,制定具体的优秀标准。

(二)合格

正确贯彻执行党和国家的政策,自觉遵守国家法律、法规和学校规章制度,具有良好的职业道德,当年师德考核合格及以上;有较强的业务能力和责任心,工作态度认真负责,较好地履行受聘岗位职责,完成工作任务,富有成效。

(三)基本合格

政治、业务素质一般,基本完成工作任务,或在工作中出现失误,造成一定影响。

(四)不合格

政治、业务素质较低,组织纪律性差,不能完成工作任务,或不履行岗位职责,经教育帮助无明显改进;工作责任心不强,在工作中造成严重失误;造成不良后果或具有下列情形之一者,视为不合格:

1.师德考核不合格。

2.不能完成工作任务,或在工作中因严重失误、失职给学校造成重大损失或者恶劣社会影响。

3.全年旷工累计5个工作日(含)以上,或工作纪律涣散,消极怠工,造成较坏影响,经教育不改者。

4.寻衅闹事,吵架斗殴,无理取闹,严重影响工作或社会秩序者。

5.无正当理由不参加考核者。

6.其他应确定为不合格档次的情形。

(五)受到党纪处分教职工的考核要求

1.受党内警告处分的当年,参加年度考核,不得确定为优秀档次。

2.受党内严重警告处分的当年,参加年度考核,只写评语不确定档次。

3.受撤销党内职务处分的当年,参加年度考核,确定为不合格;第二年按其新任职务参加年度考核，按规定条件确定档次。

4.受留党察看处分的当年，参加年度考核，确定为不合格；受留党察看1年处分的第二年，参加年度考核，只写评语不确定档次；受留党察看2年处分的，第二年和第三年参加年度考核，只写评语不确定档次。

5.受开除党籍处分的当年，参加年度考核，确定为不合格；第二年和第三年参加年度考核，只写评语不确定档次。

6.涉嫌违犯党纪被立案检查的，可以参加年度考核，但在其受检查期间不确定档次。结案后，不给予党纪处分的，按规定补定档次；给予党纪处分的，视其所受处分种类，分别按上述1～5条的规定办理。

（六）受到行政处分教职工的考核要求

1.教职工受到警告处分的，在做出处分决定的当年，年度考核不能确定为优秀档次。

2.教职工受到记过处分的，在受处分期间，年度考核不得确定为合格及以上档次。

3.教职工受到降低岗位等级处分的，在受处分期间，年度考核不得确定为基本合格及以上档次。

（七）同时受党纪处分和行政处分的，按对其年度考核结果影响较重的处分确定年度考核档次。

六、考核组织及职责

（一）各基层单位（学院、部、处等）成立由主要党政领导任组长、有关负责人参加的3～5人考核小组，负责本单位的考核工作。

（二）学校审定全校年度考核结果。

七、考核程序

（一）个人总结并填写年度考核表。

（二）所在单位可对个人年度考核表进行展示，其中正高级专业技术职务人员的年度考核表须进行网上展示。

（三）基层党组织对被考核人的政治立场、思想道德、行为规范、师德等表现出具鉴定意见。

(四)基层单位在个人述职、民主评议基础上,对被考核者提出考核档次意见,并将个人考核表和本单位考核小结、考核结果备案表等材料报人事处;副处级(含)以上干部的考核表等材料报党委组织部。

(五)对年度考核结果为优秀的人员,进行 7 个工作日的公示。

(六)学校审定考核结果并发文公布。

(七)考核结果应由所在单位及时通知被考核人。

(八)教职工对年度考核结果如有异议,可在接到考核结果通知之日起 10 日内向本单位考核小组书面申请复核。本单位考核小组须在 10 日内提出复核意见并报学校劳动人事争议调解委员会,经学校认定后由所在单位负责通知教职工本人。

八、考核结果的使用

(一)年度考核结果作为调整教职工岗位、工资以及续订聘用合同的依据。

(二)年度考核结果确定为基本合格的,下一年度不得晋升薪级工资。

(三)年度考核结果确定为不合格的,下一年度不得晋升薪级工资,由所在单位提出具体的处理意见,原则上需调离学校或调整工作岗位;年度考核不合格且不同意调整工作岗位,或连续两年年度考核不合格的,学校可解除合同或终止聘用关系。

九、其他

本办法由人事处负责解释,自印发之日起施行,原《中国农业大学教职工年度考核办法》(中农大人字〔2008〕39 号)同时废止。

中国农业大学党政办公室　　主动公开　　2017 年 8 月 7 日印发

中国农业大学文件

中农大人字〔2017〕32 号

关于印发《中国农业大学师德考核实施办法》的通知

校属各单位：

为健全学校师德建设长效机制，加强意识形态阵地建设，根据《中华人民共和国教师法》《教育部关于建立健全高校师德建设长效机制的意见》《中国农业大学建立健全师德建设长效机制实施办法》等有关文件要求，制定了《中国农业大学师德考核实施办法》，经学校党委常委会第 2017—33 次会议审议通过，现予以印发，请遵照执行。

中国农业大学

2017 年 7 月 29 日

中国农业大学师德考核实施办法

为健全学校师德建设长效机制，加强意识形态阵地建设，积极引导教师做有理想信念、有道德情操、有扎实学识、有仁爱之心的党和人民满意的好教师，根据《中华人民共和国教师法》《高校教师职业道德规范》《教育部关于建立健全高校师德建设长效机制的意见》《中国农业大学建立健全师德建设长效机制实施办法》等有关要求，制定本办法。

第一章　总则

第一条　师德考核工作坚持客观公正、公平公开原则。师德考核意见是聘任、晋升、奖惩、人才推荐等事项的重要依据。

第二条　本办法适用于我校所有教职工。

第二章　组织与实施

第三条　师德考核作为年度考核的一部分，每年进行一次。各单位基层党组织负责组织本单位教职工的师德考核工作，确定师德考核意见。

第四条　师德考核全面覆盖爱国守法、敬业爱生、教书育人、严谨治学、服务社会、为人师表等6个方面。

第五条　师德考核可采取个人自评、同事互评、单位考评等多种形式相结合的方式进行，具体考核方式由各单位自行制定。

第三章　考核等级与运用

第六条　师德考核意见分为优秀、合格、基本合格和不合格四档。其中优秀档次的人数不超过本单位参加考核人数的25%，人数较少的单位优秀比例的基数按照年度累计方法计算。

考核档次标准应以《高校教师职业道德规范》为基本依据，全面考核教职工的政治立场、职业道德、行为规范等师德表现，基本要求如下：

热爱祖国，热爱人民，拥护中国共产党领导；遵守法律、法规和学校规章制度；爱岗敬业、恪尽职守、甘于奉献；坚持终身学习，刻苦钻研；尊重关爱学生，严格要求、平等公正对待学生，因材施教；积极开展教学改革，提高教育教学质量；能够团结合作，协同创新，高质量完成各项工作；秉持学术良知，恪守学术规范；勇担社会责任，自觉承担社会义务，主动参加社会实践，积极提供专业服务；言行雅正、举止文明、师德高尚、自尊自律，自觉抵制有损职业声誉的行为。

（一）优秀

结合上述基本要求，师德表现特别突出，发挥模范和表率作用，具有良好影响。各单位也可结合实际，制定具体的优秀标准。

（二）合格

结合上述基本要求，师德表现良好，起到引导带动作用，具有良好的职业道德与行为规范。

（三）基本合格

结合上述基本要求，师德表现一般，言行有损职业声誉，造成一定影响。

（四）不合格

凡有下列情况之一者，考核档次为不合格：

1. 损害国家利益，损害学生和学校合法权益的行为。

2. 在教育教学活动中有违背党的路线方针政策的言行。

3. 在科研工作中弄虚作假、抄袭剽窃、篡改侵吞他人学术成果、违规使用科研经费以及滥用学术资源和学术影响。

4. 影响正常教育教学工作的兼职兼薪行为。

5. 在招生、考试、学生推荐、保送研究生等工作中徇私舞弊。

6. 索要或收受学生及家长的礼品、礼金、有价证券、支付凭证等财物。

7. 对学生实施性骚扰或与学生发生不正当关系。

8. 其他违反高校教师职业道德的行为。

第七条　师德考核是年度考核的重要内容，师德考核优秀是年度考核优秀的必备条件之一。师德考核不合格的，年度考核为不合格。

第八条　师德考核不合格者，在职务（职称）评聘、岗位聘用、晋升晋级、导师遴选、进修深造、评优奖励、人才推荐等实行“一票否决”。“一票否决”时限按相关文件要求执行。

第四章　附则

第九条　各单位应依据本办法，切实负起责任，全面、认真做好师德考核工作，对师德考核过程中有徇私舞弊、监管不力、推诿隐瞒，造成不良影响或严重后果的，学校将根据情况给予严肃处理，追究主要负责人的责任。

第十条　本办法自印发之日起施行，由人事处负责解释。

中国农业大学党政办公室　　主动公开　　2017 年 8 月 14 日印发

中国农业大学文件

中农大人字〔2017〕33号

关于印发《中国农业大学学生思想政治教育系列专业技术职务聘任办法》的通知

校属各单位：

为加强我校学生思想政治工作队伍建设，根据中共中央 国务院《关于加强和改进新形势下高校思想政治工作的意见》《关于进一步加强和改进大学生思想政治教育的意见》和教育部《普通高等学校辅导员队伍建设规定》等文件精神，制定了《中国农业大学学生思想政治教育系列专业技术职务聘任办法》，经学校党委常委会第2017—33次会议审议通过，现予以印发，请遵照执行。

中国农业大学

2017年8月25日

中国农业大学学生思想政治教育系列专业技术职务聘任办法

第一章　总　则

第一条　为加强我校学生思想政治工作队伍建设，根据中共中央 国务院《关于加强和改进新形势下高校思想政治工作的意见》《关于进一步加强和改进大学生思想政治教育的意见》和教育部《普通高等学校辅导员队伍建设规定》等文件精神，结合我校学生思想政治工作实际，制定本办法。

第二条　本办法适用于我校从事学生思想政治工作和党务工作的人员。

第三条　学生思想政治教育系列专业技术职务聘任遵循"总量控制、按需设岗、平等竞争、择优聘任"的原则，结合思想政治工作队伍实际，重点考察聘任对象的政治立场、思想品德、教学研究能力、工作能力和工作实绩等。

第四条　学生思想政治教育系列专业技术职务设助教、讲师、副教授、教授岗位。

第二章　基本任职条件

第五条　应聘学生思想政治教育系列专业技术岗位的人员应符合《中华人民共和国教师法》《中华人民共和国高等教育法》《高等教师职业道德规范》的相关规定和要求。

第六条　忠诚党的教育事业，热爱思想政治教育工作，遵守国家法律法规，遵循师德规范，具有优良的思想道德品质和作风。有较强的责任感和敬业精神，能够全面履行现任职务和相应职责，积极承担并认真完成教学、科研、管理工作，并取得相应工作业绩和研究成果。

第七条　身心健康，能坚持正常工作。近 5 年内年度考核合格及以上。对出现严重教学事故、违反职业道德，造成不良影响和后果的人员，实行"一票否决"。

第三章 岗位聘任条件

第八条 教授岗位聘任条件

（一）获博士学位且任副高级职务满 5 年，或获硕士学位或学士学位且任副高级职务满 8 年，或任五级及以上管理职员满 10 年。

（二）对高等教育管理、思想政治教育和相关学科具有较广博、较深厚的知识，熟悉学生思想政治工作的历史、现状和发展趋势，有丰富的学生思想政治工作实践经验，任职教授需满足下列 9 项条件中的 5 项，其中第 1～3 项为必备条件：

1. 连续从事专职学生思想政治工作 8 年及以上，或累计满 10 年。

2. 系统讲授过 2 门纳入学校教学计划的思想政治教育方面的课程（思想政治理论课、思想政治理论实践课、形势政策课、心理健康教育课、就业指导课、创业指导课等），教学效果良好。

3. 以第一作者在核心及以上级别期刊发表与思想政治教育相关的论文至少 4 篇，或以第一作者在核心及以上级别期刊发表与思想政治教育相关的论文至少 2 篇，并主编或以第一作者身份出版思想政治教育研究著作至少 1 部，或以第一作者在正式发行的报刊及正式出版的文集上发表思想政治教育类论文至少 8 篇（1 篇核心论文可以折算 2 篇普通论文）。

4. 主持省部级及以上思想政治教育研究项目 1 项，或主持校级思想政治教育研究项目 3 项及以上，或相关研究成果获得省部级三等奖及以上奖励 1 项（排名前三）。

5. 个人获得省部级以上奖励或荣誉称号，或所分管的工作获得省部级以上的表彰。

6. 独立或主持起草本部门工作的重要文件和有重要指导意义的工作总结、调查报告，且文件规范、质量较高。

7. 在学生党建与思想政治教育、日常管理、就业指导、校园文化建设、学生安全稳定等方面取得突出成绩。

8. 主持解决学校学生工作中的重大问题，对学生思想政治教育工作提出过重大改革思路，并经过实践取得明显成效。

9. 负责的学生思想政治教育工作形成品牌，并在全国高校引起关注或推广。

第九条　副教授岗位聘任条件

（一）获博士学位且任中级职务满 3 年；获硕士学位且任中级职务满 6 年，或具有学士学位，任中级职务满 8 年，或任六级及以上管理职员满 10 年。

（二）具有系统的高等教育管理和思想政治教育知识，熟悉学生思想政治工作的现状和发展趋势，有一定的学生思想政治工作实践经验，任职副教授需满足下列 9 项条件中的 5 项，其中第 1～3 项为必备条件：

1. 连续从事专职学生思想政治工作 3 年及以上，或累计满 5 年。

2. 系统讲授过 1 门纳入学校教学计划的思想政治教育方面的课程（思想政治理论课、思想政治理论实践课、形势政策课、心理健康教育课、就业指导课、创业指导课等），教学效果良好。

3. 以第一作者在核心及以上级别期刊发表与思想政治教育工作相关的论文至少 2 篇，或以第一作者在正式发行的报刊及正式出版的文集上发表思想政治教育类论文至少 4 篇（1 篇核心论文可以折算 2 篇普通论文）。

4. 参与省部级及以上思想政治教育研究项目 1 项（排名前三），或主持校级思想政治教育研究项目 1 项，或相关思想政治教育研究成果获得省部级及以上奖励 1 项（排名前三）或校级科研成果奖励（主持人）。

5. 个人获得校级以上奖励或荣誉称号，或所分管的工作获得省部级以上的表彰。

6. 作为主要人员参与起草本单位工作的重要文件和有重要指导意义的工作总结、调查报告，且文件规范、质量较高。

7. 在学生党建与思想政治教育、日常管理、就业指导、校园文化建设、学生安全稳定等方面有突出表现，并得到学校认可。

8. 作为主要人员参与解决学校管理中重大问题，做出重要贡献或对学校及本单位的管理工作提出改革思路（以工作报告为准），并经过实践取得一定成效。

9. 负责的学生思想政治教育工作形成品牌，并在校内外产生良好的影响。

第十条　讲师岗位聘任条件

（一）获博士学位，或获硕士学位且任初级职务满 3 年，或具有学士学位，任初级职务满 5 年。

（二）专职从事学生思想政治工作 1 年及以上，其他从事学生思想政治工作的人员原则上要求至少有1年担任辅导员或班主任的经历。

(三)具有一定的高等教育管理、思想政治教育和相关学科的知识,对所从事的思想政治工作有较深入、系统地了解。

(四)承担一定的教学工作,担任过至少1门思想政治教育方面课程(思想政治理论课、思想政治理论实践课、形势政策课、心理健康教育课、就业指导课、创业指导课以及党课、团课等)的教学工作。

(五)以第一作者公开发表与工作相关的论文至少2篇,其中以第一作者在核心及以上级别期刊发表论文至少1篇。

(六)能较好地完成所承担的学生思想政治工作任务。在学生党建与思想政治教育、日常管理、就业指导、校园文化建设、学生安全稳定等方面有突出表现并得到学校的认可,或在学生思想政治工作上有创新举措并运用到工作实践中,且效果良好。

第十一条　助教岗位聘任条件

(一)获硕士学位,或具有学士学位,专职从事学生思想政治工作1年以上且考核合格。

(二)参与过思想政治教育方面课程(思想政治理论课、形势政策课、心理健康教育课、就业指导课、职业生涯规划课以及党课、团课等)的教学工作。

(三)积极参与和学生思想政治教育工作有关的研究活动,能胜任相关规章制度、工作总结、调查报告和工作论文的撰写工作。

(四)能胜任岗位工作要求,并能较好地完成所承担的学生工作任务。

第四章　聘任组织及程序

第十二条　聘任工作原则上每年1次。学校负责审定每年岗位设置方案。

第十三条　学校设置“学生思想政治教育系列专业技术职务评议组”(以下简称“思政评议组”),负责组织晋升评审。

第十四条　思政评议组由学校领导、有关职能部门负责人及相关领域的校内外专家组成,人数为13～15人。思政评议组下设资格审查小组,由有关职能部门工作人员组成,负责审查应聘人员的申报资格。

第十五条　各单位基层党组织需对应聘人员的政治立场、思想道德、师德等进行综合考察，并提出明确的推荐意见。

第十六条　应聘副教授、教授岗位人员须到场答辩。评议过程应当充分，正式投票只能进行 1 次，获得 2/3 以上票数的为通过。

第十七条　学校学术委员会对思政评议组通过的拟晋升教授职务人员进行评议，应聘教授岗位人员须到场答辩。

第十八条　学校审定岗位聘任方案，发文聘任。

第五章　有关问题的说明

第十九条　新晋升专业技术职务为教授的聘任为 4 级岗，副教授聘任为 7 级岗、讲师聘任为 10 级岗、助教聘任为 12 级岗。

第二十条　连续两年申请晋升专业技术职务未获通过者，停报一次。

第二十一条　各级职务晋升聘任条件中所涉及的成果时限均为任现职以来的成果（全职攻读硕士或博士期间的论文及科研项目等成果不计算在内）。

我校从事学生思想政治工作和党务工作队伍中，具有专业技术任职资格的管理人员，若符合相关业绩条件，可以申请聘任相同等级的专业技术职务或晋升聘任高一级专业技术职务。

第六章　附　则

第二十二条　本办法自印发之日起施行，未尽事宜按照《中国农业大学专业技术职务聘任暂行办法》（2017 年修订）（中农大人字〔2017〕5 号）执行。

第二十三条　本办法由人事处、党委学生工作部（学生处、武装部）负责解释。

中国农业大学党政办公室　　主动公开　　2017 年 8 月 25 日印发

中共中国农业大学委员会文件

中农大党发〔2018〕22号

关于印发《中共中国农业大学委员会2018年思想政治工作质量提升工程实施方案》的通知

各分党委(党总支、直属党支部)、校属各单位:

为认真学习贯彻党的十九大精神,把贯彻落实全国高校思想政治工作会议和中共中央、国务院加强和改进新形势下高校思想政治工作有关文件精神引向深入,根据教育部《高校思想政治工作质量提升工程实施纲要》和我校《关于加强和改进新形势下学校思想政治工作的实施意见》及任务清单有关工作安排,结合学校工作实际,按照有重点、分阶段,有序有力逐年推进、逐步深化的要求,制定《2018年思想政治工作质量提升工程实施方案》,经学校党委常委会第2018—12次会议审议通过,现予以印发,请遵照执行。

中共中国农业大学委员会

2018年4月13日

中共中国农业大学委员会
2018年思想政治工作质量提升工程实施方案

为认真学习贯彻党的十九大精神，把贯彻落实全国高校思想政治工作会议和中共中央、国务院加强和改进新形势下高校思想政治工作有关文件精神引向深入，根据教育部《高校思想政治工作质量提升工程实施纲要》和我校《关于加强和改进新形势下学校思想政治工作的实施意见》及任务清单有关工作安排，结合学校工作实际，按照有重点、分阶段，有序有力逐年推进、逐步深化的要求，制定本方案。

一、目标任务

坚持以习近平新时代中国特色社会主义思想为指导，以立德树人为根本，以理想信念教育为核心，以社会主义核心价值观为引领，以全面提高人才培养质量为关键，以提升我校思想政治工作质量为抓手，进一步发挥课程、科研、实践、文化、网络、心理、管理、服务、资助、组织等方面工作的育人功能，深入挖掘育人要素、完善育人机制、优化评价方式、强化实施保障。力争用一年时间，推动我校思想政治工作质量体系建设取得新进展，一体化育人制度和模式探索取得新突破，人才培养质量取得新提升。

二、工作安排

（一）课程育人

1.持续推进思政课教学改革。继续深入推进以问题为导向的“三三制”协同育人思政课教学改革，加强课程团队建设，录制一门完整的思政课程视频，做好7堂思政课示范课堂的建设。以学习习近平新时代中国特色社会主义思想为主题，在思政课学习中分小组开展理论学习，作为课程成绩的一部分，在任课教师课堂上举行学生讲授思政课的活动。以“培育和践行社会主义核心价值观”为主题，采取微电影方式，在思政课程班级里举行作品征集和评奖活动。

牵头单位：马克思主义学院

完成时间：2018年4—12月

2.启动一流课堂建设，强化教学全过程育人。开展“优质课程与优质课堂”评选，评选30个示范性的优质课堂，带动一流课堂建设。构建以学为中心的新型课堂教学模式，强化新型课程教学组织模式建设，完善现代教育技术在课堂中的运用，建设一批高水平在线课程，增强学生学习获得感。强化课堂价值观引领，支持专业课教师的相关研究和实践，将思想政治教育与专业教育相结合，在讲授知识的过程中传递正确价值导向，充分发掘和运用各学科蕴涵的思想政治教育资源。

牵头单位：教务处

完成时间：2018年9—12月

3.建立经常化、制度化的课堂教学质量评估制度。贯彻落实学校《本科教学工作规范》《本科教学事故认定和处理办法》《教学检查管理办法》《教材选用管理办法》等教学规范文件，确保专业教育与思政教育同向同行。建立校、院两级领导听课制度；强化教学视导组建设，采用常规、随机和重点视导等方式深入课堂开展听课督导和指导；建立教师自我评价、学生评教和同行评价相结合的多维度教学评价政策和教学评价反馈机制。

牵头单位：教务处

完成时间：2018年3—9月

4.继续实施“专业课发挥思政教育功能”教改专项。立项实施第二批本科30项“专业课发挥思政教育功能”本科教改专项。通过交流会、网络宣传、成果出版等方式及时总结、宣传第一批专项项目的成果和经验，从第一批成果中遴选5项左右作为示范课堂项目加以宣传和示范，促进形成课堂价值观教育的良好氛围。

牵头单位：教务处

完成时间：2018年3—12月

5.全面修订研究生培养方案，强化思政课程设置。修订全校直博生培养方案，将“中国特色社会主义理论与实践”“自然辩证法”由选修课改为必修课。在研究生实践教育环节中增设“‘三农’问题理论与实践”的考核内容，要求学生通过在线收看《锡文系列讲座》《中国共产党“三农”问题理论与实践》等专题讲座，结合实践教育环节深入基层，撰写学习体会报告。

牵头单位:研究生院

完成时间:2018年3—7月

6.发挥研究生专业课程的育人功效,加强课程教学管理。发挥研究生专业课程的育人功效,加强课程教学管理;深入推动习近平新时代中国特色社会主义思想进教材、进课堂、进头脑;设立“研究生专业实践课发挥思政教育功能专项”教学研究项目,发挥专业教师实践课程育人的主体作用;加强研究生教材使用和课堂教学管理,建立研究生哲学社会科学专业核心课程教材目录,推进马克思主义理论研究和建设工程教材在哲学社会科学类课程的使用。

牵头单位:研究生院

完成时间:2018年3—12月

7.推动研究生思政课程改革创新。制定《以问题为导向的研究生思政课专题教学改革方案》(以下简称“方案”),内容包括凝练问题、完善专题、团队教学、外聘教师、学生调查5个方面,旨在围绕当下国家社会的热点重点问题,使学生在提升理论认知的同时深化对社会问题和国情的认识,增强思想政治理论课教育的教学实效性,方案将逐步在研究生思政课中落实。制度化推进研究生思政课集体备课会工作,聘请校外专家、哲学社会科学其他专业教师共同讨论。备课会将围绕“备理论”“备学生”“备热点”和“备教学方法运用”,将党的创新理论有计划、分专题地进入课堂,切实加强课程的思想政治教育作用。

牵头单位:马克思主义学院

完成时间:2018年3—12月

(二)科研育人

1.加强科研团队的师德建设。注重科研人员的思想政治表现,修改《中国农业大学科研事项学院审核表》,增加教师在思想政治和学术道德方面的承诺,并由学院进行审批。在组建科研团队时,团队负责人的师德考核要作为必要条件之一。在对外推荐申报优秀科研团队中,优先推荐师德考核优秀负责人的团队。制定《中国农业大学研究生导师落实立德树人责任考核办法》,打造一支有理想信念、道德情操、扎实学识、仁爱之心的研究生导师队伍。

牵头单位:科学技术发展研究院、研究生院

参与单位：党委教师工作部、人事处

完成时间：2018 年全年

2. 加强科研创新能力培育，引导高水平成果产出。利用各类科研项目，鼓励、引导师生积极参与科技创新团队和科研创新训练，培养团队创新能力及集体攻关、联合攻坚的团队精神和协作，将创新实践教育贯穿人才培养全过程。修订科技成果奖励办法，健全完善具有中国特色、农大特色的学术评价标准和科研成果评价办法。激发教师和学生的科技创新活力，引导促进高水平有影响力成果产出。

牵头单位：科学技术发展研究院

参与单位：研究生院、教务处、各学院

完成时间：2018 年全年

3. 创新培养模式，增强研究生服务乡村振兴战略的意识和能力。服务国家乡村振兴战略，构建产学结合的研究生培养新模式，将研究生的科研工作与解决乡村的"农业、农村、农民"实际问题相结合，推进科技小院、葡萄产业、畜牧产业、精准扶贫、绿色植保、智慧农业等专项改革项目的实施，引导研究生树立正确的政治方向、价值取向、学术导向，鼓励研究生将论文写在大地上。

牵头单位：研究生院

完成时间：2018 年全年

4. 加强科研诚信与学术规范教育。组织学院深化课程教学改革，聘请院士、长江学者等一批知名学者开设"科研诚信与学术规范"课程作为研究生必修课程，在本科生中开设相关专题讲座，通过言传身教、示范引导，培养学生敢为人先的科学精神、开拓创新的进取意识和严谨求实的科研作风；启动本科生毕业论文(设计)的查重工作，组织编写研究生学术规范与学术道德读本，加大对考试作弊、论文抄袭等学术不端行为的惩治力度，构建集教育、预防、监督、惩治于一体的学术诚信体系。

牵头单位：研究生院

参与单位：教务处、科学技术发展研究院

完成时间：2018 年全年

5. 加大科研人物和团队的宣传教育力度。加大对学术名家、优秀学术团队先进事迹的挖掘和宣传力度，培育一批科研育人的示范项目和团队，总结科研育人的经验和模式。组织青年教师成长论坛等专题活动，邀请优秀教师介绍教学科研经验，发挥优秀教师科研育人的带动作用。

牵头单位：科学技术发展研究院、党委宣传部

参与单位：党委教师工作部、人事处、工会

完成时间：2018 年全年

（三）实践育人

1.创新学习，融入实践教育，引领学生树立远大理想。改革培养模式，丰富教育内涵，将社会实践、志愿服务纳入思想政治教育的实践学分，细化实施方案。总结“科技小院”“曲周模式”思政教育工作模式，拓展思政实践教育的开展形式，探索研究生思想政治教育党、团、班组织协同学习机制，形成初步方案。发挥习近平新时代中国特色社会主义思想研习社和青年马克思主义协会等理论社团的优势，通过理论研究和交流带领广大学生将理论学习成果用于指导实践活动。将志愿服务内容纳入新生教育，启蒙学生对志愿精神的认识和理解，增强学生自主奉献的意识。坚持将军训作为公共必修课程，强化学生的国防意识和国防安全观念，加强组织纪律性和集体荣誉感教育，帮助学生树立正确的世界观、人生观、价值观。

牵头单位：团委、教务处、党委学生工作部、党委研究生工作部

参与单位：马克思主义学院

完成时间：2018 年 9—12 月

2.聚焦优势，渗透实践内容，引导学生自觉担当服务国家使命。结合深学笃行党的十九大精神，利用假期开展党的十九大精神宣讲、乡村振兴调研、志愿活动和以“乡村振兴和脱贫攻坚”为主题的社会实践，培养学生“三农”情怀。发挥学校学科特色，组建“乡村振兴百名实践导师”专家团队，引导教师在指导学生服务国家战略的实践活动中发挥育人作用。

牵头单位：团委

参与单位：党委学生工作部、教务处、研究生院（党委研究生工作部）、科学技术发展研究院

完成时间：2018 年 4—11 月

3.夯实平台，开拓实践形式，促进学生亲身参与获得丰富精神体验。依托学校

乡村振兴、对口支援、定点扶贫等工作，重点打造4～6个思想政治教育综合实践基地。依托全国农科学子助力乡村振兴专项和北京青年服务国家乡村振兴专项，建立学校参与乡村振兴和脱贫攻坚的新途径，引领全国高校开展乡村振兴学生社会实践活动。鼓励科研团队、党团支部、社团、“英才班”等以集体方式参加实践活动，通过树立团队榜样典型，宣传价值理念。

牵头单位：团委

参与单位：党委学生工作部、党委研究生工作部

完成时间：2018年6月

4.完善机制，提升实践质量，强化学生增长才干和本领。强化全员育人理念和激励教师参与思政工作的积极性，出台《教师指导实践活动工作量核算办法》，推动教师认真指导实践开展，提高学生获得感。实施第二课堂成绩单制度，精确展现学生实践的过程和能力提升，综合评价学生参与实践的效果，促进思想政治教育科学化指导。

牵头单位：人事处、团委

参与单位：团委、党委学生工作部

完成时间：2018年10月

5.打造品牌，突出实践特色，培育学生根植家国情怀。总结我校大学生助力乡村振兴“青禾”社会实践育人模式与“青禾”支教团志愿服务活动模式。

牵头单位：团委

完成时间：2018年12月

(四)文化育人

1.积极传播中华优秀传统文化，增强文化育人的特色度。加强中华优秀传统文化教育，做好线上推送传播与线下活动组织；强化“形势与政策”课程的内容建设与供给；依托“稼穑书香”“农业文化节”“高雅艺术进校园”“民族艺术进校园”等活动，增强师生对于中华优秀传统文化特别是农业文化的自觉和自信。

牵头单位：党委学生工作部、团委、党委宣传部

完成时间：2018年3—12月

2.深挖革命文化的育人内涵，增强文化育人的厚重度。组织国旗班清明节祭

扫、“一二·九”红歌合唱比赛、开展师生赴井冈山等革命圣地爱国主义教育实践活动，挖掘“红色基因”，策划拍摄《从延安走来》校史系列微视频；传承革命先烈精神，坚定青年学生理想信念。

牵头单位：团委、党委研究生工作部、党委宣传部

完成时间：2018年4—12月

3.开展社会主义先进文化教育，增强文化育人的参与度。以改革开放40周年为契机，策划征文、展览系列活动；围绕社会主义核心价值观，开展“诚信守法人生计划”“12·4”国家宪法日、主题团日等互动性活动，增强师生的参与感与获得感。

牵头单位：党委宣传部、党委学生工作部、团委

完成时间：2018年6—12月

4.大力繁荣校园文化，增强文化育人的展示度。组织召开“农大精神”研讨会，复排话剧《稼穑之歌》；设立“农大心”基金，出版奖励校史文化类书籍；以曲周实验站45周年为契机，策划专题教育展；设计“稼穑广场”“耕耘广场”等景观，提升环境文化育人效力；发挥名家论坛、“五月的花海”“金色的希望”等文化活动的育人功能。

牵头单位：党委宣传部、体育与艺术教学部、团委

参与单位：校友工作办公室、后勤基建处、农学院

完成时间：2018年5—12月

（五）网络育人

1.建立完善校园网络平台建设运行规范。规范校园网站建设管理。编制校园媒体宣传工作指南。启动2018年校园网络文化建设立项工作，重点支持10个左右项目。开展“网络宣传思想教育优秀成果”评选表彰活动。

牵头单位：党委宣传部

参与单位：党委学生工作部、教务处、研究生院、团委、网络中心

完成时间：2018年5—10月

2.积极拓展网络思想政治工作新平台。支持师生利用网络平台开展教育教学和社会服务。着力建设“党建网”“易班网”“农博士在线”“学习路上”“CAU微课”“微党课”等网络媒体平台，力争培育一批优秀栏目、优秀作品、优秀团队。

牵头单位：党委宣传部、党委学生工作部、党委研究生工作部、党委教师工作部、教务处、马克思主义学院

完成时间：2018 年 4—12 月

3. 建设网络与新媒体课程和教学团队。依托校内外师资组建教学团队，在易班学院基础上拓展教学资源，围绕网络与新媒体建设、制作、管理等原理与应用设立教学专题。

牵头单位：党委宣传部、党委学生工作部

参与单位：人文与发展学院、信息与电气工程学院、国际学院、网络中心

完成时间：2018 年 9 月

（六）心理育人

1. 完善心理素质教育课程体系建设，推进课程成果转化。进一步完善集必修课、选修课、培训课“三位一体”的课程体系建设；通过加强校际交流、合作等方式丰富课程教学形式，提升课程品质；总结教学经验成果，编写出版一本贴近大学生实际需求的心理素质教育教材，推进课程成果转化。

牵头单位：党委学生工作部

完成时间：2018 年 9 月

2. 通过新媒体平台建设，促进心理教育服务便捷化发展。继续加强“中国农业大学沁心港湾”微信公众平台建设，打造受大学生欢迎的线上精品栏目；推进“施钢工作室”建设，建设“钢好遇见你”“心理微课堂”等品牌栏目，提高心理服务的普及性和便捷性。

牵头单位：党委学生工作部

完成时间：2018 年 12 月

3. 加强学生骨干队伍建设，推动心理委员专业化发展。进一步加强我校四级心理委员队伍建设；优化心理委员三阶专业培训体系；增强北京高校学生骨干朋辈互助技能培训实效；倡议成立“全国大学生心理委员联盟”。将我校“心理委员模式的大学生朋辈互助长效工作机制”推广到北京乃至全国高校中，推动全国高校心理委员队伍的规范化、专业化发展。

牵头单位：党委学生工作部

完成时间:2018年11月

4.加强研究生心理工作,打造农大特色研究生心理教育模式。根据研究生的心理特点,全覆盖、分层次、个性化地开展心理素质教育工作,打造具有中国农业大学特色的研究生心理素质教育模式。面向全体研究生开展网络心理健康普查,开设网络心理课程;分校院两级开展研究生心理专题讲座和心理文化活动;针对有需求的研究生,提供个性化的个体心理咨询和团体心理辅导服务。

牵头单位:党委研究生工作部、党委学生工作部

完成时间:2018年12月

(七)管理育人

1.加强制度建设,提升依法治校、科学管理的水平。牢固树立以人为本和管理就是育人的理念,围绕"立德树人"的根本任务,健全管理育人制度体系,将规范管理的严格要求和春风化雨的教育方式相结合,提升规范化、制度化、法制化管理能力和水平;开展学校规章制度的清理工作;研究出台学校规章制度制定程序。

牵头单位:党政办公室

参与单位:校属各单位

完成时间:2018年9月

2.加强干部队伍建设,全面提高各类管理干部的育人能力。落实管理育人要求,加强干部队伍管理,将育人功能的发挥纳入干部考核评价范围;制定学校处级干部培训(2018—2022年)5年规划,注重干部育人能力培养,实现新任干部岗前培训和干部任期培训的全覆盖。

牵头单位:党委组织部

参与单位:校属各单位

完成时间:2018年10月

3.加强教师队伍管理,严把教师聘用、人才引进政治考核关。修订并完善人才引进评审和评价制度,把候选人的思想品德考察落到实处,始终把政治标准放在首位;推进分类评价,明确不同岗位育人职责和评价标准,在职称晋升、分级聘任、双线晋升、管理队伍职称晋升中,突出岗位育人要求。以严格的管理体系,高效的管理模式,营造风清气正的育人环境。

牵头单位：人事处、人才工作办公室

参与单位：各二级党组织

完成时间：2018 年 12 月

4. 设立“管理育人示范岗”，营造人人参与的育人环境。在党政管理部门开展“我与育人”大讨论，明确各单位管理育人的内容和管理岗位的育人元素，通过“管理育人示范岗”的创建活动，强化管理干部主动参与育人的自觉性，将育人理念融入管理工作中，以优秀的管理行为和模式培育学生。

牵头单位：机关党委

参与单位：各党政管理部门

完成时间：2018 年 12 月

(八)服务育人

1. 加强后勤员工培训，强化服务育人的意识。对后勤员工加强培训，强化后勤员工对服务育人功能的认知，提升后勤服务育人的意识，提高服务保障水平，增强服务育人能力。

牵头单位：后勤基建处

参与单位：人事处

完成时间：2018 年 3—12 月

2. 开展主题教育活动，推动节约型校园、绿色校园建设。在“世界水日”和“节能宣传周”开展主题教育活动，联合学生社团、海淀区自来水公司在“世界水日”组织节水宣传活动，在“节能宣传周”开展“节粮节水节电”活动宣传，从思想上不断加强师生的节约意识；建立“节约型校园”建设档案库，记录有关节约型校园建设的投入、管理和成就等内容，便于宣传教育工作的开展；大力建设绿色校园，推动两校区垃圾楼改造工程，实现垃圾合理分类出校园；完善能源监管平台，多手段、从源头节水节电节气，通过能效对标、能源公示等举措促进节能工作；改造校医院污水处理系统，实现排放达标，从而推动绿色校园建设，通过服务实践激发学生的爱校热情，携手共建校园生态文明，营造良好育人氛围。

牵头单位：后勤基建处

参与单位：团委、党委学生工作部

完成时间:2018年1—12月

3.优化完善文献信息资源体系,提升图书馆综合育人能力。发挥文献资源的育人功能,围绕国家重点战略需求组织专题采购工作,加强对思政、党建类等书刊的专题采购。加强馆员培训,提升馆员服务育人意识与服务能力。立足于人的全面发展,积极开展信息技能的培训,促进综合素质提升。加强党建与思想政治阅览室建设,为学校党的建设与思想政治工作开展提供场所与条件,形成育人合力。积极开展阅读推广活动,培养学生阅读经典的良好习惯。

牵头单位:图书馆

参与单位:后勤基建处、教务处、团委

完成时间:2018年1—12月

4.制订健康教育教学计划,培养师生公共卫生意识和卫生行为习惯。开设健康教育课,举办健康素养讲座,指导学生遵从健康生活方式,养成良好卫生行为习惯。在新生中开展安全应急、急诊与急救培训,提高学生突发性事件自救、互救、急救能力。定期开展传染病预防讲座,开设在线学习课程。组织学生参加传染病预防主题宣传教育活动。通过学校微信企业号进行健康知识宣传。通过教学、体检等多策并举,强化学生的卫生观念和卫生意识,逐步培养学生自觉养成良好卫生行为习惯。

牵头单位:校医院

参与单位:教务处、团委

完成时间:2018年3—12月

5.加强人防物防技防建设,培养师生安全意识和法治观念。利用校内显示屏开展防火、防盗、防诈骗,以及交通安全等安全教育提示工作;利用保卫干部院系联系制度,进行安全指导和授课活动,提高学生的安全防范意识。安保人员进行巡视,进行每天的日常安全提示;开展在线平台学习,培养师生的安全意识和法治意识。利用新生军训期间,进行全面消防演习、自救培训,同时进行交通安全、防诈骗、禁毒知识教育、安全意识等全面安全教育,增强师生的安全防护意识;结合敏感时期、重要时间节点、全民国家安全教育日等进行安全提醒、温馨提示和宣传教育活动;结合各种形式、采取多元化措施,培养师生的安全意识和法治观念。

牵头单位:党委保卫部

参与单位:党委学生工作部、党委研究生工作部

完成时间:2018 年 1—12 月

(九)资助育人

1.实施“发展型资助的育人行动计划”。开展学生资助发展需求调研,针对需求做好精准资助和资助育人,促进学生成长成才;继续实施“添翼工程”系列技能培训课程、“翱翔计划”学生发展支持项目、公益实践项目和学业与职业发展项目等品牌项目。

牵头单位:党委学生工作部

参与单位:教务处、团委、就业创业指导中心

完成时间:2018 年 3—12 月

2.实施“家庭经济困难学生能力素养培育计划”。为每名家庭经济困难学生建立成长档案,持续追踪关注学生在校期间的学习和发展情况;选拔综合表现优秀的家庭经济困难学生参加国际交流;组织家庭经济困难学生观看文化和艺术演出、展览等。

牵头单位:党委学生工作部

参与单位:教务处、国际合作与交流处、团委

完成时间:2018 年 3—12 月

3.实施“学生自助发展计划”。指导支持学业发展协会工作,开展朋辈帮扶活动;重点建设“新长城自强社”“公益服务队”“微益社”“启曦之家”等受助学生群体(组织),并配备成长导师;发挥学生资助宣传大使政策传播与励志引领作用,建立健全受助学生自我管理、互助服务、朋辈育人的长效机制。

牵头单位:党委学生工作部

参与单位:教务处

完成时间:2018 年 3—12 月

(十)组织育人

1.完善基层管理体制机制,强化基层组织的育人职责。完善院(系)党政联席会议制度,做好学院党政联席会议制度执行情况的监督工作,切实推动校院两级领导班子自觉担负起立德树人的根本任务。同时进一步推进基层党支部书记抓党建

述职评议考核工作，强化评议考核结果运用，针对共性问题加强研究、制定政策，不断提升党建工作质量，充分发挥基层党组织在育人中的作用。

牵头单位：党政办公室、党委组织部

完成时间：2018年12月

2. 深化推进“先锋工程”实施计划，强化学生党组织和党员作用；强化学生党支部政治功能，深化落实党员领导干部联系学生党支部制度；制定加强党团班协同机制建设的实施办法和“班团一体化”工作实施方案，以学生党建带动团建、班建；选拔培养一批优秀学生党员，继续加强对青年马克思主义者协会的指导和支持力度；加强大学生党员先锋班建设，重点开展学生党支部书记轮训、学生党员骨干培训、毕业生党员教育；发挥学生党支部和学生党员在学生成长中的凝聚、引导和服务作用。

牵头单位：党委学生工作部、团委

完成时间：2018年12月

3. 深化学校共青团改革，强化团组织思想引领作用。制定中国农业大学《高校共青团改革实施方案》任务分解清单，细化重点任务、负责同志和主体单位，强化监督，推进共青团改革各项任务全面落实。构建“一心双环”工作格局，加强团委对学生社团的规范管理，强化学生会组织对学生社团的引导、帮助和联系，推进学生社团团支部的创建，推进学生社团章程和内部制度的建立，总结推广品牌社团的育人经验。

牵头单位：团委

完成时间：2018年12月

4. 深化学生会组织改革，增强组织吸引力和凝聚力。发布《中国农业大学学生会组织改革方案》；制定中国农业大学《学联学生会组织改革方案》任务分解清单，全面推进落实；出台《关于中国农业大学第十五届学生会、第十四届研究生会中期调整的工作方案》，推进学生代表大会制度的改革完善；完善常任代表会议制度，加强学生会组织自我监督；继续创新开展学生会、研究生会功能性党支部的建设，加强组织生活的规范性。

牵头单位：团委

完成时间：2018年12月

5.开展评优选树活动，提高辐射示范作用。按照教育部的统一部署，实施基层党建“对标争先”计划。培育建设一批先进的基层组织，培养选树一批优秀共产党员、优秀共青团员、五四青年标兵、五四青年标兵集体等先进集体和优秀个人。

牵头单位：党委组织部、党委学生工作部、党委研究生工作部、团委、工会

完成时间：2018 年 12 月

三、工作要求

1.加强组织领导。学校实施思想政治工作质量提升工程是贯彻落实党的十九大精神、全国高校思想政治工作会议精神，落实教育部《高校思想政治工作质量提升工程实施纲要》的重要举措，各单位要深刻认识其重要意义，高度重视，加强领导，精心组织，建立完善工作体系，确保将“十大育人”工作落到实处。

2.强化分工协作。建立学校党委统一领导、牵头单位协调推进、各单位积极落实的工作格局，建立牵头单位之间、牵头单位与参与单位之间定期沟通会商机制，确保学校思想政治工作质量提升工程整体推进。

3.狠抓责任落实。各分党委（党总支、直属党支部）要将思想政治工作质量提升工程作为落实立德树人根本任务的重要抓手，抓紧抓实，把工作重音和目标落在育人成效上。学校将加强督导考核，将育人工作质量纳入基层党建考核重点指标和评价体系。

4.注重凝练总结。各单位在落实工作方案过程中，要注重特色亮点总结，形成品牌效应；注重好做法探索总结积累，形成良好经验；注重宣传推广，及时向党委宣传部报送工作动态和成果，形成全校育人工作浓厚氛围。学校将编写《思想政治工作简报》，为各单位推进思想政治工作的经验做法与工作进展提供展示交流平台。

中国农业大学党政办公室　　　　主动公开　　　　2018 年 4 月 17 日印发

中共中国农业大学委员会文件

中农大党发〔2018〕95号

关于印发《中国农业大学落实研究生导师立德树人职责实施细则》的通知

各分党委(党总支、直属党支部)、校属各单位:

为深入贯彻《高等学校教师职业道德规范》《教育部关于建立健全高校师德建设长效机制的意见》《教育部关于全面落实研究生导师立德树人职责的意见》等文件精神,打造一支有理想信念、道德情操、扎实学识、仁爱之心的研究生导师队伍(以下简称"导师"),发挥好导师立德树人作用,防止出现失范行为,结合我校工作实际,制定了我校落实研究生导师立德树人职责实施细则。经学校党委常委会第2018—38次会议审议通过,现予以印发,请遵照执行。

中共中国农业大学委员会

2018年11月1日

中国农业大学落实研究生导师立德树人职责实施细则

为深入贯彻《高等学校教师职业道德规范》《教育部关于建立健全高校师德建设长效机制的意见》《教育部关于全面落实研究生导师立德树人职责的意见》等文件精神，打造一支有理想信念、道德情操、扎实学识、仁爱之心的研究生导师队伍，发挥好导师立德树人作用，防止出现失范行为，结合我校工作实际，制定本细则。

第一章　总则

第一条　本细则旨在通过明确导师基本素质要求、立德树人职责和禁行行为，教育引导广大导师秉承中国农业大学“团结、朴实、求是、创新”的优良传统，切实提高学校研究生教育质量，为培养德智体美劳全面发展的社会主义建设者和接班人，推动建设具有中国特色、农业特色的世界一流大学做出贡献。

第二条　本细则适用对象为全校导师（含校外兼职导师）。

第二章　基本素质要求

第三条　导师肩负着为国家培养高层次创新型人才的使命与重任。每一位导师应当争做“四有”好老师，做到胸怀国家、情系“三农”，以“解民生之多艰，育天下之英才”为己任，教育引导研究生做勇于担当民族复兴大任的时代新人。导师应该具备以下基本素质要求：

（一）政治素质过硬。坚持正确的政治方向，拥护中国共产党的领导，不断提高思想政治觉悟；贯彻党的教育方针，严格执行国家教育政策，坚持教育为人民服务，为中国共产党治国理政服务，为巩固和发展中国特色社会主义制度服务，为改革开放和社会主义现代化建设服务；自觉维护祖国统一、民族团结，具有高度的政治责任感，将思想教育与专业教育有机统一，成为社会主义核心价值观的坚定信仰者、积极传播者、模范实践者。

（二）师德师风高尚。模范遵守教师职业道德规范，为人师表，爱岗敬业，以高尚的道德情操和人格魅力感染、引导研究生，成为先进思想文化的传承者和社会进步的积极推动者；谨遵学术规范，恪守学术道德，自觉维护公平正义和风清气正的学术环境；科学选才，规范招生，正确行使导师权力，确保招生录取公平公正；有责任心和使命感，尽职尽责，确保足够的时间和精力及时给予研究生启发和指导；有仁爱之心，以德育人，以文化人。

（三）业务素质精湛。具有深厚的学术造诣和执着的学术追求，关注社会需求，推动知识文化传承发展；熟悉招生政策，胜任考试招生工作；秉承先进教育理念，重视课程前沿引领，创新教学模式，丰富教学手段；不断提升指导能力，着力培养研究生创新能力，实现理论教学与实践指导之间的平衡，助力研究生成长成才。

第三章　立德树人职责

第四条　导师是研究生培养第一责任人。在研究生培养过程中，导师应当坚持以树人为核心，以立德为根本，坚持教书和育人相统一，坚持言传和身教相统一，当好研究生锤炼品格、学习知识、创新思维、奉献祖国的引路人，担负起以下职责：

（一）提升研究生思想政治素质。引导研究生正确认识世界和中国发展大势，正确认识中国特色和国际比较，正确认识时代责任和历史使命，正确认识远大抱负和脚踏实地；树立正确的世界观、人生观、价值观，坚定为共产主义远大理想和中国特色社会主义共同理想而奋斗的信念。党员导师要充分发挥模范带头和育人的双重作用，支持各级党组织做好研究生党建工作。

（二）培养研究生学术创新能力。按照因材施教和个性化培养理念，积极参与制定执行研究生培养计划，统筹安排实践与科研活动，强化学术指导；实时掌握研究生科研进展，每学期至少安排研究生作进展报告 1 次，每月至少与研究生进行 1 次学术研讨；营造和谐的学术环境，培养研究生的创新意识和创新能力，激发研究生创新潜力；引导研究生跟踪学科前沿，直面学术问题，开拓学术视野，在学术研究上开展创新性工作。

（三）培养研究生实践创新能力。鼓励研究生积极参加国内外学术和专业实践活动，指导研究生发表各类研究成果，培养研究生提出问题、分析问题和解决问题的能力，强化理论与实践相结合；支持和指导研究生将科研成果转化应用，推动产学研用紧密结合，提升创新创业能力。

（四）增强研究生社会责任感和爱国奋斗精神。鼓励研究生将个人的发展进步与国家和民族的发展需要相结合，为国家富强和民族复兴贡献智慧和力量；支持和鼓励研究生参与各种社会实践和志愿服务活动，在服务人民与奉献社会的过程中实现自己的人生价值；培养研究生的国际视野和家国情怀，积极致力于构建人类命运共同体，努力成为世界文明进步的积极推动者。

（五）指导研究生恪守学术道德规范。培养研究生严谨认真的治学态度和求真务实的科学精神，自觉遵守科研诚信与学术道德，自觉维护学术事业的神圣性、纯洁性与严肃性，杜绝学术不端行为；在研究生培养的各个环节，强化学术规范训练，加强职业伦理教育，提升学术道德涵养；培养研究生尊重他人劳动成果，提高知识产权保护意识；以严谨负责的态度加强研究生科研诚信教育和监督，对研究生的论文等科研成果署名、研究数据真实性、实验可重复性等进行诚信审核和学术把关，亲自审核研究生发表的科研成果和学位论文。

（六）优化研究生培养条件。根据不同学科、类别的研究生培养要求，积极为研究生的学习和成长创造条件，按学校要求提供研究生助研岗位津贴，为研究生开展科学研究提供有利条件；鼓励研究生参与各种社会实践和学术交流；积极创设良好的学术交流平台，增加研究生参与社会实践和学术交流的机会。

（七）注重对研究生人文关怀。要加强人文关怀和心理疏导，加强校规校纪教育，把解决思想问题同解决实际问题结合起来，了解研究生成长环境和过程，在关心帮助研究生的过程中做好教育和引导工作。加强与研究生的交流与沟通，建立良好的师生互动机制，每学期与研究生至少进行 2 次面对面的谈心、谈话；关注研究生的学业压力，营造良好的学习氛围，提供相应的支持和鼓励，保护研究生合法权益；关注研究生的就业压力，引导研究生做好职业生涯规划，关心研究生生活和身心健康，不断提升研究生敢于面对困难挫折的良好心理素质。

（八）积极参与研究生日常管理工作。按要求参加校院组织的导师培训；按规定参加招生工作，在招生数量上执行规定的限额；督促研究生严格遵守校纪校规，规范研究生的日常行为，对研究生因病（事）请假、出差、校外实习、出国交流、延期、休学、退学等事宜应认真了解情况后进行审批，做好研究生外出的安全教育；发现研究生无故旷课、未经批准擅自离校等异常情况要及时联系学院或学校进行处理；

在研究生申请出国、奖助等各类项目评价和毕业鉴定中，对其政治思想和学业表现进行如实客观评价。

（九）严禁出现师德失范行为。不得利用导师权利侵犯研究生的合法权益，不得出现《中国农业大学师德“一票否决制”实施细则（暂行）》中列出的师德失范行为。

第四章　考核督导

第五条　研究生院（党委研究生工作部）和党委教师工作部负责导师立德树人工作的组织实施与督导；各研究生培养单位党组织负责本单位导师立德树人职责履行情况的考核与评定。

第六条　各研究生培养单位应将导师立德树人职责履行情况的考核与评定作为师德考核的重要内容，每年进行一次。考核可以采取导师自评、同事互评、单位考评等多种形式相结合的方式进行，考评中还应综合考察导师在课程教学、研究生评价等方面的情况。

第七条　导师在年终述职时须对照立德树人职责和禁行行为进行自查，总结经验、查找不足并提出改进方向。

第八条　导师出现师德失范行为，受到师德“一票否决”处理的，立德树人职责履行情况评定为“不合格”，并按照《中国农业大学师德“一票否决制”实施细则（暂行）》有关规定执行。

第九条　导师立德树人职责履行情况和师德考核结果作为导师资格年度审核、招生指标分配和教职工年度考核、职称（职务）评聘、岗位聘用、评优评先、绩效分配等工作的依据。

第十条　导师违反立德树人职责的，经核实后给予以下处理：情节较轻的，由研究生院（党委研究生工作部）会同导师所在单位负责人对其进行约谈，并通报批评；情节严重的，取消导师招生资格；情节严重并造成不良影响或严重后果的，取消导师招生资格并在下一年度扣减该培养单位研究生招生指标，同时依据学校有关规定予以处理。

第十一条　对存在失范行为监管不力、拒不处理、拖延处理或推诿隐瞒的单位，造成不良影响或严重后果的，学校将根据情况进行严肃处理，追究主要负责人的责任，并在下一年度扣减该单位研究生招生指标。

第十二条　研究生院（党委研究生工作部）开通专门电子邮箱和电话，接受研究生和家长等对导师师德表现和立德树人履职情况的沟通与反馈，研究生院（党委研究生工作部）将会同导师所在单位对所反映的问题进行调查核实，并据实处理。

第十三条　学校成立研究生教学管理督导组，通过听课、巡查和抽检的形式对研究生各培养环节进行质量监控和师德监督。

第五章　附　则

第十四条　本细则由研究生院（党委研究生工作部）和党委教师工作部负责解释。

中国农业大学党政办公室　　主动公开　　2018 年 12 月 5 日印发

参考文献

[1] 贝静红.高校辅导员队伍专业化发展研究[M]. 武汉:武汉大学出版社,2016.

[2] 陈晶晶.探究高校后勤服务“育人”功能[J].纳税,2017(19):192.

[3] 陈秋明.文化育人的独特价值[N].光明日报,2017-01-19(14).

[4] 丁圣芸,鞠琦.当前高校实践育人工作存在的问题[J].吉林省教育学院学报(中旬),2014,30(5):51-52.

[5] 丁越. 论大学校园文化建设的思想政治教育功能[D].长春:吉林大学,2011.

[6] 高启明.管理缺失对高校师德师风建设的影响及对策解析[J].教育探索,2015(1).

[7]《高校思想政治工作质量提升工程实施纲要》(教党〔2017〕62 号).

[8] 顾志勇.社会主义核心价值观融入大学教育全过程的路径探索[J].广西社会科学,2016(11).

[9]《关于加强和改进新形势下高校思想政治工作的意见》(中发〔2016〕31 号).

[10] 何先卫,夏晓天.“互联网+”时代微信公众平台在高校思想政治教育工作中的应用探究.发明与创新(职业教育),2018.

[11] 黄蓉生,孙楚杭.构建高校实践育人长效机制的思考[J].中国高等教育,2012(Z1):36-38.

[12] 江洪明.构建高校服务育人新体系的思考[J].经济与社会发展,2006(10):204-207.

[13] 姜力力. 高校后勤服务育人现状的实证研究[D].大连:大连理工大学,2014.

[14] 靳秋萍.论人事制度改革背景下的高校院系人事秘书队伍建设[J].南京工程学院学报,2011(6):11.

[15] 李桂芳.北京市西城区社区教育学校微信公众号现状研究.北京宣武红旗业余大学学报,2019(1).

[16] 李海峰，陈少毅.全员育人视角下医学院校行政管理人员育人功能探析[J].中华医学教育杂志，2012(8)：32.

[17] 李红革，廖永福.信息生态视角下大学生思想政治教育创新路径研究[J].当代教育理论与实践，2018，10(2)：113-117.

[18] 李家珉.文化育人的三维思考[J].思想理论教育，2012(1)：51-55.

[19] 李治邦.高校校园文化建设与思想政治教育[J].高等农业教育，2003(11)：47-49.

[20] 李忠庆.文化蓄势 科学发展——北京邮电大学后勤积极推进文化建设[J].高校后勤研究，2011(3)：100-102.

[21] 廖泽香.构建高校思想政治教育协同育人平台的探讨[J].吉林工商学院学报，2017，33(5)：108-110.

[22] 蔺伟，苟曼莉.高校文化育人的工作原则和实现途径[J].中国高等教育，2017(2)：37-39.

[23] 刘川生.高校实践育人工作有效机制研究[J].思想理论教育导刊，2016(12)：119-124.

[24] 刘金莹.简析校园文化的育人功能[J].边疆经济与文化，2017(11)：92-93.

[25] 刘娟，姜喜双.浅论高校心理健康教育的五结合原则[J].世纪桥，2016(4)：70-71.

[26] 刘军，国佳，莫梓峰.高校“服务育人”的实践与探索——以广东外语外贸大学一站式服务大厅为例[J].内蒙古师范大学学报(教育科学版)，2016，29(10)：82-86.

[27] 刘林.高校师德建设的实效性问题及对策探析[J].社科纵横，2015(4)：30.

[28] 骆郁廷，史姗姗.论马克思主义实践育人的德育思想及其现实价值[J].马克思主义研究，2013(10)：136-145.

[29] 宁秋娅，李洪栋.社会主义核心价值观培育践行中的协同创新探究[J].北京教育(德育)，2015(1)76-78.

[30] 邱培彪.浅析高校后勤服务育人有效性增强的途径[J].黑龙江教育学院学报，2013，32(4)：189-192.

[31] 任媛媛，张昶，王少宾，等.新形势下高校管理育人内涵探析[J].文教资料，

2018(32).
[32] 申纪云.高校实践育人的深度思考[J].中国高等教育,2012(2):11-14.
[33] 施国强,王娜,吴蓉娟,等.爱恩学院在专业课中融入思政教育的探索与实践[J].教育教学论坛,2018(28):143-144.
[34] 宋伟.社会主义核心价值观融入高校校园文化建设研究[D].郑州:郑州大学,2016.
[35] 唐龙龙.提升高校辅导员思想政治工作有效性的策略探析.湖南科技学院学报,2018.
[36] 田晓明.高等学校服务育人工作改进研究[D].大连:大连理工大学,2010.
[37] 汪志君.基于系统论的高校"全员育人"工作机制研究[J].东北农业大学学报(社会科学版),2014,12(6):83-86.
[38] 王健康.论校园文化与高校思想政治教育[J].湖南行政学院学报,2007(3):104-105.
[39] 王艳,冉鑫.谈高校校园文化与思想政治教育的互动作用[J].重庆职业技术学院学报,2006(4):19-21.
[40] 王怡.高校人力资源综合评价指标体系的构建[J].经济与管理,2015(5).
[41] 吴芳,姚则东,陈呈频,等.解读"和谐"校园建设内涵[J].湖北社会科学,2007(7):158-160.
[42] 吴新业,涂海英.高校服务育人功能思考[J].长江大学学报(社会科学版),2011,34(12):136-138,196.
[43] 习近平总书记在全国教育工作大会上的讲话(2018 年 9 月).
[44] 肖建国. 实践育人的关键点[N]. 中国教育报,2017-04-13(005).
[45] 谢丽乔.校园文化建设在高校思想政治教育中的必要性和可行性[J].河北经贸大学学报(综合版),2006(4):112-115.
[46] 颜善文.高校校园文化与思想政治教育研究[J].学校党建与思想教育,2006(10):72-73.
[47] 燕连福.新时代全国重点马克思主义学院建设面临的问题、机遇与发展对策[J].高校马克思主义理论研究,2018,4(1):96-103.
[48] 杨光.高校思想政治研究以文化育人[D].长春:东北师范大学,2018.

[49] 俞国良，王浩，赵凤青. 心理健康教育：高等学校专兼职教师的认知与评价[J]. 黑龙江高教研究，2017(10)：121-124.

[50] 俞国良，赵凤青，罗晓路. 心理健康教育：高等学校学生的认知与评价[J]. 黑龙江高教研究，2017(9)：109-112.

[51] 俞国良，赵凤青，罗晓路. 心理健康教育：高等院校的地区差异比较研究[J]. 黑龙江高教研究，2017.

[52] 翟建设. 新形势下推进高校管理育人工作的有效途径[J]. 中国教育学刊，2015(2)：298.

[53] 张阿兰. 新时代高校思想政治工作的路径探索. 党史博采(下)，2019.

[54] 张兵. 充分发挥高校后勤的“服务育人”功能[J]. 江苏高教，2007(6)：148-149.

[55] 张华，李桃. 基于创新人才培养的高校实践育人模式探析——以辽宁省大学生为例[J]. 高等农业教育，2016(1)：49-52.

[56] 张胜利. 地方高校青年教师师德现状[J]. 继续教育研究，2012(7).

[57] 张永成，刘兵. 高职校园品牌文化建设探索——以浙江建设职业技术学院鲁班文化为例[J]. 职业教育(下旬刊)，2013(12)：19-21.

[58] 张玉兰. 中国教育年鉴：1988 卷[J]. 人民教育，1988(12)：42.

[59] 张震环. 教师主体性与高校思想政治教育价值实现[J]. 继续教育研究，2012(8).

[60] 赵建华. 关于加强高校管理育人工作的几点思考[J]. 思想理论教育导刊，2011(2).

[61] 赵坤. 试论大学生心理健康教育工作的原则与体系[J]. 教书育人，2013(6).

[62] 赵玲，赵平. “服务育人”的阈限探究[J]. 西南科技大学学报(哲学社会科学版)，2011(5)：103-106.

[63] 赵龙. 当前我国高校后勤服务工作的育人功能及其实现途径研究[D]. 石家庄：河北师范大学，2016.

[64] 郑萼. 以文化人以文育人　增强师生文化自信[J]. 思想政治工作研究，2017(10)：27-29.

[65] 郑乐，姜良杰. 基于辅导员慕课的“十大”育人体系建设路径研究[J]. 改革与开放，2018(10)：127-128.

[66] 智文媛，解嵘，王帅. 高校文化育人中文化自信的培育及其工作机制的构建[J]. 理论观察，2017(9)：132-134.

[67] 中共教育部党组. 高等学校学生心理健康教育指导纲要[R/OL].（2018-07-04)[2019-08-20]. http://www.moe.gov.cn/srcsite/A12/moe_1407/s3020/201807/t20180713_342992.html.

[68] 中共教育部党组. 高校思想政治工作质量提升工程实施纲要[R/OL].（2017-12-06)[2019-08-20]. http://www.moe.gov.cn/srcsite/A12/s7060/201712/t20171206_320698.html.

[69] 周卉. 高校机关干部担任班主任的实践分析[J]. 教育教学论坛，2016(6)：22.

[70] 周前程. 现代化的马克思主义论析[J]. 攀登，2013，32(6)：61-67.

[71] 朱政. 高校管理育人的现状及路径探析[J]. 中国成人教育，2015(9).

[72] 左强. 新时期高校后勤服务育人问题研究[D]. 南京：南京工业大学，2013.

后　　记

《厚土育金》是基于中国农业大学宁秋娅主持的北京高校思想政治工作难点攻关计划“高校全程、全方位育人工作体系及机制建设研究”的结项成果编纂而成。自本书编写组成立以来，成员进行了明确分工，在收集整理研究成果的基础上，还前往多所高校进行广泛深入的调研。就本书的写作内容而言，编写组多次召开研讨会进行探讨，并就专家学者提出的建议反复修改。具体写作分工如下：第一部分《师说》由林万龙收集整理；第二部分《探究》由张银收集整理；第三部分《践行》由李洪栋收集整理；第四部分《附录》由张晓星收集整理。在全书的写作和修改过程中，中国农业大学党委书记姜沛民给予了大力支持，并为本书作序。

在本书的编写和调研过程中，我们得到了中共北京市委教育工作委员会寇红江的关心指导以及清华大学、中国人民大学、北京航空航天大学、复旦大学、上海交通大学、同济大学、武汉大学、武汉理工大学、华中农业大学等的帮助，在此表示衷心的感谢。

限于编写组的水平，本书难免存在一些疏漏和不尽如人意的地方，期待广大读者和专家不吝赐教，提出宝贵意见，共同推进高校全员、全过程、全方位育人工作机制的不断完善。

编　者

2019 年 9 月